JN168284

日本固有の防災遺産

立山砂防の防災システムを世界遺産に

五十嵐敬喜、岩槻邦男、西村幸夫、松浦晃一郎　編著

巻頭言

人々の生活を守り続ける立山砂防

富山県知事　石井隆一

富山県は多彩で豊かな自然環境に恵まれている。標高三千メートル級の立山連峰から水深一千メートル超の富山湾まで、高低差四千メートルのダイナミックな地形を有し、植生自然度は全国三位の三〇パーセント、自然公園の面積比率は全国五位の二八パーセントである。とりわけ豊富で清冽な水は県民の誇りであり、昭和および平成の名水百選に全国最多の八件が選定されている。

立山一帯の年間降水量は五千ミリメートルを超え、世界屈指の降水量とされるマーシャル諸島等よりさらに多く、また、活断層である長さ約七〇キロメートルの跡津川(あとつがわ)断層が、立山から白山を結ぶように北東から東西方向に走っている。脆弱な地質構造となっている立山カルデラには、推定二億立方メートルとされる崩壊土砂が堆積しており、土砂が流出しやすい条件が幾つも重なる、世界に類を見ない過酷な環境となっている。この立山カルデラが源流となる一級河川の常願寺川は、標高差約三千メートルで延長五六キロメートルを一気に富山湾に向け流れ下っている。平均河床勾配は約三〇分の一で、世界の主要河川の中では、最も急流な河川のひとつである。

常願寺川は大雨の際には度々大きな洪水を引き起こし、下流域に住む人々を苦しめてきた。治水砂防の歴史では、約四百年前の天正年間に、当時の越中を治めていた佐々成政（さっさなりまさ）が富山城下を守るため、常願寺川扇状地の扇頂部に築いた石積みの堤防である「佐々堤」を構築している。江戸時代前期の明和六（一七六九）年に富山藩主・前田利與（まえだとしとも）が、丹波から松の苗を取り寄せ、常願寺川の縁に水防林として植えており、現在でも「殿様林」として残されている。

さて、安政五（一八五八）年の四月九日（旧暦二月二六日）、跡津川断層を震源とする推定マグニチュード七・一の飛越地震が発生し、立山カルデラ内の大鳶山（おおとんびやま）と小鳶山（ことんびやま）が崩壊し、大量の土砂が河道を閉塞し、巨大な天然ダムが形成された。間もなく大雨による増水でこれが決壊し、四月二三日（旧暦三月一〇日）と六月七日（旧暦四月二六日）の二回にわたり大土石流が発生し、常願寺川を流れ下った。富山平野が広い範囲で土砂に埋まり、判明している限りでは死者一四〇人、負傷者八九四五人の大災害となった。立山カルデラには崩壊した土砂のうち二億立方メートルが不安定な状況で堆積したままで、以後、常願寺川は大雨ごとに下流の平野に大きな被害を与える暴れ川へと変貌してしまった。

廃藩置県（明治四年）以後の紆余曲折を経て、明治一六（一八八三）年、富山県は人命と耕地の保全のための治水砂防予算を優先的に確保したいことを主な理由として、石川県から分県するに至った。ちなみに明治年間の富山県予算に占める土木費の割合は平均四五パーセン

北アルプスの立山カルデラ

トであったが、その大半を治水砂防費が占め、明治二四（一八九一）年には治水砂防費の割合が、実に県予算の八二パーセントにも達している。河川対策の立案のため、明治二〇年代にはオランダ人技師のヨハネス・デ・レイケが招聘され、常願寺川をはじめとする県内の主要な河川の抜本的な改修が進められたものの、立山カルデラの水源荒廃地については有効な対策を立案することができず、「全山を銅板で覆うしか方法がない」と言ったと伝えられている。

　こうした中、富山県は立山カルデラの水源荒廃地での砂防工事を決断し、明治三九（一九〇六）年に着手した。当時の工法は主に石積み堰堤（えんてい）の設置であり、一五年間にわたり粘り強く事業が継続されたものの、構築した堰堤が土石流により根底から破壊されるなど至難を極め、県営砂防事業は自然の猛威に屈せざるを得なかった。このように、立山カルデラにおける砂防事業が技術的にも財政的にも困難を極めたことから、官民一体となって国に直轄事業化による近代砂防の導入推進を働きかけた結果、大正一三（一九二四）年に砂防法の改正を経て、大正一五（一九二六）年から、国による直轄砂防事業が開始されるに至った。

　初代の立山砂防事務所長に就任したのが、後に「近代砂防の父」と呼ばれ文化勲章を受章した赤木正雄博士である。赤木博士は内務省入省後、オーストリアに自費留学してアルプスの渓流工事を学び、日本の古来の伝統工法と融合させ、水系一貫の総合的砂防工法の確立に生涯をとおして尽力した偉大な技術者である。赤木所長と砂防技術者たちは、白岩（しらいわ）地先に巨大な堰堤を築くとともに、その上流や下流に順次堰堤を整備して、立山カルデラからの大量の土砂流出を抑えようと計画を立案した。具体的な施工技術として近代土木機械を導入し、大量のコンクリートを使った大規模砂防工事を計画した。

以後、白岩（しらいわ）砂防堰堤や本宮（ほんぐう）堰堤、泥谷（どろだに）砂防堰堤群などの歴史的な砂防施設が次々と構築され、カルデラの荒廃地からの土砂流出が抑制的なものとなり、山腹に緑が復元した。また、河川が安定し、洪水氾濫地帯だった富山平野には住宅地などの市街地が広がった。富山県は全国でも有数の住み良い県となり、現在でも、立山カルデラの砂防施設群は人々の生活を守り続けている。

立山カルデラの白岩砂防堰堤　撮影・小野吉彦

目次

第一章　立山砂防の歴史と技術

常願寺川の本宮堰堤　撮影：小野吉彦

日本および世界の土木史からみた立山砂防

五十畑 弘

日本大学生産工学部教授

はじめに

世界遺産の評価において、過去数十年にわたって文化財の価値概念が拡張されてきた。かつて社会や人々の生活に直接的な利益をもたらした産業や交通関連の施設への関心の高まりを背景に、教会建築や神社仏閣などの伝統的な文化財とは異なる産業遺産の文化財としての価値への理解が広がりを見せた。産業活動において、生産を支えた施設や設備というモノとともに、それらに関わる地域の人々の活動や社会生活といったコトを評価する傾向である。

このほど登録が決まった「明治日本の産業革命遺産」の構成要素は、いずれもわが国の産業革命の推進に関わった実利を生んできた施設が中心であり、この範疇に含まれる。二〇〇一年に世界遺産登録されたドイツのツォルフェアアイン炭鉱遺産群は、鉄鋼産業とともに工業地帯エッセンを代表する産業施設であった。この炭鉱遺跡群は、ヨーロッパにおける産業遺産による地域活性化の連携活動を進める拠点の一つとなっており、文化財の価値概念の拡張を示す事例である。

一方、立山砂防は、防災という実利を目標として建設され、砂防施設群として富山平野を災害から守り続けている土木遺産である。立山砂防の主要な構成要素である白岩堰堤や本宮堰堤は、実用の施設が文化財として評価をされたのであり、文化財として生まれてきた神社仏閣とは異なる。この点では、土木遺産は稼働下にある産業遺産と同じと言えるかもしれない。二〇一〇年に、国際記念物遺跡会議（ＩＣＯＭＯＳ）と国際産業遺産保存委員会（ＴＩＣＣＩＨ）で出された共同原則【註1】の前文や定義から、土木遺産と産業遺産は同じ範疇に含まれるか、もしくは相互に近い存在であるとの解釈もできる。

しかし、その一方では、長年にわたって私たちの生活を支え続け、今なお現役である砂防堰堤や橋、道路、港湾などの土木構造物を「稼働遺産」と呼ぶには、多少の違和感がある。これは土木遺産を稼働中の産業遺産の延長としてとらえただけでは、その価値を十分説明しきれない面があるからである。

ツォルフェアアイン炭鉱遺跡（ドイツ、2001年世界遺産登録）の採掘坑（1930年建設）とボイラー室。内部は博物館として利用されている

立山砂防は、堰堤群の個々の直接的な効果とともに、それらが一体となって形成する流域全体のシステムが効果を創り出している。立山カルデラ形成の歴史や、常願寺川流域という場所の地形、降水量などの地域の気候、さらには、防災に対する地域の人々の意識など、この場所固有のさまざまな条件に対して工夫が凝らされて生み出された施設である。この施設と地域との一体性を生み出すためのエンジニアリングに土木の大きな特徴があり、土木遺産の価値もこの部分に大きく関わりを持っている。土木遺産としての立山砂防には、稼働下にある産業遺産という扱いだけでは収まりきれない文化財としての価値が含まれる。

土木の対象はインフラ

土木が対象とするインフラについて少し触れておく。土木が関わる施設は、産業や社会生活の基盤を構成することからインフラ（インフラストラクチャ）と呼ばれ、その範囲は多岐にわたる。インフラというと、広くは社会制度や仕組みなどのソフトも含まれるが、ここであつかうインフラは、産業基盤施設や国土保全施設などのハードとそれらが生み出す範囲のソフトが対象となる。

世界遺産には古代ローマの道路や市街、水路橋などのインフラに関する施設が登録されている。塩野七海は、『すべての道はローマに通じる』（ローマ人の物語X、新潮社）のなかで、インフラの父とも呼ばれる古代ローマ人は、インフラを直接的に意味する用語をもたずに、道路や橋、公会堂などを建設・維持することを「必要な大事業」と呼んでいたことから、インフラとは「人間が人間らしい生活をおくるためには必要な大事業」と考えていたのではないか、と指摘している。

このインフラに対する表現は、現在も土木の対象として当てはまる。土木工学は、civil engineering

と英語で称されるように、市民のための工学、つまり人々の生活の利便性や快適性の向上、自然の脅威から生命、財産を守ることを役割とした工学技術である。

インフラはその目的によっていくつかに分類できる。産業基盤関連のインフラには、生産機能をもつ道路、港湾、空港、用地造成、用水、利水、農道、林道、漁港、電力、上水道などがある。人々の社会生活の向上を図る目的の病院、終末処理清掃施設、公園、レクリエーション施設、下水道、街路などは生活基盤関連と分類される。

一方、国土保全関連には、私たちの生活や社会環境が自然または災害によって影響を受ける場合に、これを防ぎ復旧を早めるための治山、治水、災害復旧、海岸保全、公害防止などがある。立山砂防はここに分類される。インフラにはこれ以外に、市街地再開発、土地区画整理、密集住宅地改造などの都市改造、地圏開発、国土総合開発などの都市の総合環境の改善や国土総合開発事業などの関連施設もある。

土木遺産の評価基準と顕彰制度

では、土木遺産はどのように評価、顕彰されているだろうか。

土木学会では土木遺産の評価基準として「技術」、「意匠」、「系譜」の三つの指標を採用している。「技術」とは、年代の早さ、規模の大きさ、技術力の高さおよび珍しさに加えて、ある時期の設計を代表する典型性を評価項目としている。立山砂防では、白岩堰堤や本宮堰堤などの構造物の形式や構造規模の大きさ、設計、施工技術のレベルの高さがこれに該当する。

「意匠」では、古典主義、アールヌーボーなどの様式流行の反映、まちなみや自然の中で歴史的景観としての一定の存在感の度合いとしての周辺景観との調和のほか、デザイン上での意識など設計におけるデザイン性の配慮の度合いを評価項目としている。

「系譜」については、土木構造物や施設そのものよりも、それらを通じた出来事が評価項目である。当該土木施設が生み出される背景となった地域性や、対象構造物や施設の土木事業全体の計画内容や、故事来歴、地元の愛着度とともに、保存状態が問われる。これは最近の世界遺産の評価において施設に関連する地域社会や人々の暮らしなども対象に含める傾向と共通する。

土木学会は、二〇〇〇年から選奨土木遺産の認定制度を発足し、毎年一〇～二〇件程度の土木遺産の顕彰をしている。この狙いは、顕彰を通じて、歴史的土木構造物の保護を促すもので、社会の土木遺産の文化的価値に対する理解を促すことや、先輩技術者の仕事への敬意、将来の文化財創出への認識と責任の自覚などの喚起といった土木技術者へのアピール、さらには、土木遺産を地域の自然や歴史・文化を中心とした地域資産の核としてまちづくりへの活用を図ることである。

二〇〇五年には、網羅的な全国調査を実施して「現存する重要な土木構造物二八〇〇選」を発刊して、現存する土木構造物の所在確認のもと土木遺産の重要度や評価のポイントを公表している。立山砂防では、白岩堰堤、本宮堰堤および立山砂防工事専用軌道がこのリストに載っている。

アメリカ土木学会【註2】では、歴史的土木ランドマークプログラムという土木遺産の指定制度を設けている。世界的に重要な国内外の土木プロジェクトや構造物、場所を認定、顕彰するものである。この制度は、土木技術者が自らの活動で生み出した土木遺産と土木史に対する認識を深めると同時に、アメリカや世界の発展に対する土木の貢献について、一般の人々の理解を深めることとしている。

登録の基準は、設計、規模、技術難度から土木技術史上の重要な面を代表するもの、アメリカ土木史上の重要性、重要な工法や設計手法などの技術上の特筆点の存在、国やある地域への貢献の度合いで五〇年以上経過しているもので、一般の人々が見ることのできるものを対象として指定している。

イギリス土木学会【註3】では、一九九八年より土木遺産の補修、補強を評価する賞【註4】を設けて、毎年数件の表彰をしている。この狙いは土木遺産の優れた補修、補強の実践および関連技術の開発を促すことである。対象となるのは建設後三〇年以上を経過した橋、水路橋、土木構造物、その他の交通関連構造物に対して実施された構造的な補修、補強、保存などである。ロンドン中心部のテムズ川に架かる一八六四年建設の鋳鉄、錬鉄の複合アーチのウェストミンスター橋は、この表彰制度で受賞した最初の例である。馬車交通を対象とした時代に建設されその後自動車交通の橋となった土木遺産の橋を、幹線道路を担う橋としてさらにＥＵ共通のローリー荷重に耐えられるようにグレードアップの補強を施したものである。

ウェストミンスター橋（ロンドン、1864年竣工）。ＥＵ共通のローリー荷重に耐えるようにグレードアップされた

土木遺産の多くは本来の役割を継続

土木遺産の中には、明治村にある旧品川燈台や、旧新大橋のように機能を停止してもっぱら展示品となっている例外もあるが、共通する特徴の一つは、機能が継続していることである。「遺産であるが稼働している」のではなく、本来の機能を果たしているインフラが文化財としても評価されて「土木遺産になった」のである。

インフラは、それぞれの役割を果たすべく各時代の技術、材料を駆使して体現されたものである。ある時期において特定の役割を果たすようにプログラムされて、将来に向けて送り出された半永久の時限装置がインフラである。堰堤や道路、橋、まちなみなどの構造物や施設は、建設された以後、長年にわたってそれぞれの役割を果たしつづけることで、生活の場の構成要素として馴染み定着する。

インフラは、その役割を継続する過程で、機能の追加や用途の変更の要請に遭遇することもある。老朽化にともなう維持補修も必要となり、その対策がとられる。建設された時代の技術、意匠はもちろん重要であるが、その後時間の経過に従ってそのインフラに注がれた働きかけも地域の歴史や技術の変遷の証となる。この意味から土木遺産は「進化する文化財」とも呼ぶべき側面をもつ。

土木遺産には、機能を継続しその時々の要請を満たすために、時代とともに手を加える事例が多くみられる。隅田川に架かる重要文化財である震災復興橋梁の清洲橋や永代橋には、竣工当時路面電車が走っていたが、その後の交通環境の変化に応じて自動車交通と歩行者に変更された。時代とともに増加した交通量や、歩行者の安全に対する考え方の変化によって歩・車道境界に自動車防護柵が加えられ、近年では、阪神淡路大震災以後蓄積された新たな技術によって、耐震性能向上のために水平支承やダンパーが追加されて補強が施されている。

清洲橋と追加された制振ダンパー（東京、2007年重要文化財登録）。橋台附近の桁端部に地震エネルギーを吸収する装置が設置された

布引ダム（神戸、2006年重要文化財登録）。堤体の内側がコンクリートで補修された

神戸の布引ダムは、一九〇〇（明治三三）年に完成したわが国で最初のコンクリートダムである。高さ約三一メートル、長さ一一〇メートルで、厚さは基部で五〇メートルになる堤体の表面は、幅が五〇センチ程度の石材が積まれ、内部にコンクリートが詰め込まれている。阪神淡路大震災では、堤体の一部に損傷を受け、ダムの水を抜いて実施された補修工事では、堤体の背面から鉄筋コンクリートが追加された。

イギリスのアイアンブリッジ渓谷は、世界遺産の中で、比較的初期（一九八六年）に登録された土木構造物を含む産業遺産である。指定範囲は、世界初の鉄の橋であるアイアンブリッジを含み石炭、石灰などの鉱物資源を産する延長五キロメートルのセバーン渓谷および、二つの支川の渓谷も含む一帯である。アイアンブリッジ本体は、不安定な渓谷の地盤条件のため竣工直後から補修の連続であり、随所にその跡が見られる。最大の補強は、一九七二年から七五年に実施された構造系を変更する川底の下を通って両岸の橋台間を結ぶ鉄筋コンクリート地中ばりの追加である。同時にアプローチの石造アーチの軽量化のために中込土が軽量材に入れ替えられた。これらの各時代の働きかけの集積が現在のアイアンブリッジの機能を継続させている。

一八〇五年に開通したイギリスのポンテカサステ水路橋と運河は、産業用の交通手段から観光へと目的が変わったが現在も運河として使われている。二〇一四年時点では、年間一万艘の観光用のボートが航行し、二万五千人の歩行者が運河の側道を渡る供用下にある。

二〇〇九年に登録された世界遺産の範囲は、水路橋とそれが構成する運河で、特に水路橋は、全長三〇七メートルの運河が渓谷を越えるために建設されたもので、両側の二基の橋台と一八基の石造橋

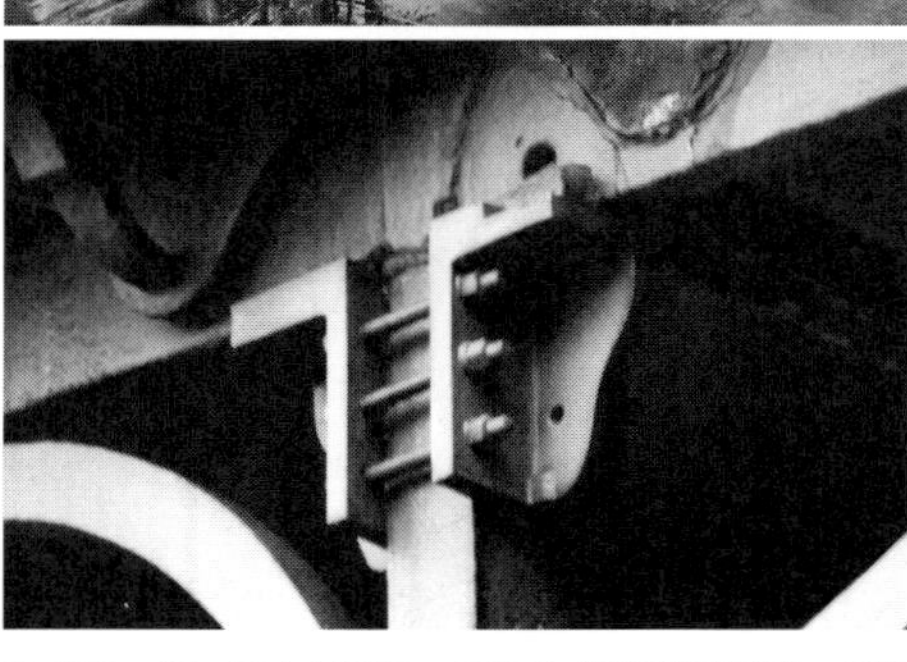

アイアンブリッジ（イギリス、1986年世界遺産登録）。近接すると多数の補修箇所が目視できる

脚がスパン一五・八メートルの一九連のアーチを支える。鋳鉄パネルの水路には各部に補修の手が加えられた跡が確認できる。一九七五年には一九連の内の一連の鋳鉄アーチが破断しているのが発見され、アーチ全体が鋼アーチへ取替えられた。

一八九三年に建設されたスペインのビスカヤ橋は、運搬橋として現在も交通路の役割を担っている。人や自動車を運ぶゴンドラを吊る桁の長さは一六四メートルで、桁下空間は水面からの高さが四五メートルある。

ビスカヤ橋は、劣化した箇所を補強する部分的な材料の追加だけではなく、ケーブルと錬鉄製の桁が全面的に取り替えられている。一九三七年のスペイン内戦の際に右岸側アンカレッジが爆破されケーブルと桁が落下したが、四年後の一九四一年に再建された。この結果、塔のみが一八九三年のオリジ

ポンテカサステ水路橋（イギリス、2006年世界遺産登録）。19連のうち1連のアーチが架け替えられた

ナルで桁、ケーブルなどは建設から半世紀後に交換された新しい材料である。この他、ゴンドラを吊る車輪荷重が載るレールを支える消耗の大きい部分は、日常的に維持補修が行われて新しい材料に交換されている。

一八九〇年建設のスコットランドのフォース鉄道橋は、明治日本の産業革命遺産と同じく二〇一五年に世界遺産へ登録された。全長二五二八・七メートルのカンチレバートラスのスパンは五二一・三メートルで、建設当時世界最長であった。世界遺産の登録範囲もほぼ橋そのもので、全体が土木遺産となっている。

フォース鉄道橋が設計、施工された一八八〇年代は、構造材料が錬鉄から鋼へと移行する時期で、

ビスカヤ橋（スペイン、2006年世界遺産登録）。塔以外の桁、ケーブルは1941年に取り替えられた

フォース鉄道橋（イギリス、2015年世界遺産登録）。サッカーコート80面分の面積が最新塗装で塗りなおされた

機械、造船などの他の構造分野に比べ保守的であった橋梁分野で最初に本格的に鋼を使用したのがこのフォース鉄道橋であった。維持保全を担う管理者は、一九九九年から開始した保全プロジェクトで文化財としての価値を意識して進めてきた。橋を腐食から守る塗装については、ブラスト処理の上、最新のエポキシ系の塗装で塗り替えが実施された。

土木遺産の多くは建設後に手が加えられて機能を継続している。劣化に対して保全の手を加えることなしには、施設そのものが維持されず構造物の価値（機能）は継承されない。土木遺産はこの本来の機能を維持するための各時代での働きかけが蓄積されて、オリジナルの部分とともに資産を構成することで全体として将来への価値ある遺産となっている。

土木遺産としての立山砂防

立山砂防は、土木構造物として人命・財産を守るという機能を八〇年近くにわたって継続している。この機能継続は、カルデラからの流下土砂の生産を抑制する白岩堰堤に代表される常願寺川の源頭部の施設群とともに、中下流域の本宮堰堤に代表される貯砂機能という流域全体でのシステムによって実現されている。

古来より自然の脅威に対して人類が生存を維持するための働きかけ、すなわち防災とは、人類が生きてゆく上での基本的な動作であり、立山砂防はこれを土木技術で実現したものである。

わが国の土木技術の近代化は、他の分野と同様に、西欧近代技術の急速な導入によって幕末から明治に始まる。土木史上、欧米技術の模倣を脱し、わが国独自の土木技術が確立された時期は、幕末、明治初頭から六〇～七〇年が経過する大正から昭和初年頃である。関東大震災後の橋梁分野での震災復興橋梁群がそうであり、砂防分野では白岩堰堤（昭和四〜一四年）、本宮堰堤（昭和一〇〜一二年）の水系一貫システムの確立もこの時期を代表するものである。ともに歴史上の重要な段階を物語るものであり、「科学技術の集合体、あるいは景観を代表する顕著な見本」となっている。

自然を相手とする土木は常に、自然現象に支配されることからその場所の地形条件、地盤、地質、水などに適合したもの、その土地特有のものを創ろうとする。立山砂防が富山平野を守るというインフラとしての目的を果たしつづけることができるのは、立山カルデラから河口域に至るまでの常願寺川水系全体に対する、建設当初から現在までの営々と積み重ねられてきた継続的な働きかけの結果である。

白岩堰堤は、一九三九（昭和一四）年の竣工以来、数多くの保全のための手が加えられてきた。竣

白岩堰堤右岸岩盤内部のトンネル内部。トンネル壁面から合計900本のアンカー、ケーブルボルトが岩盤の安定化のために施工された

工一二年目の一九五一（昭和二六）年には、本堤の水通部の天端石（てんばいし）の取替えが行われ、第二副堤の補強とともに第三、第五副堤が追加され、さらに左岸側の盛土部の導流堤が新たに追加されている。この後もたびたび発生した洪水による転石や土石流での損傷によって、石材の取替えや護岸補修、擁壁の嵩上げ、水叩きの補強などの手が加えられてきた。

最近の補強としては、堤体本体ではないが、本堤付近の岩盤の安定化工事がある。白岩堰堤の右岸側は大規模土石流が衝突してわずか一六〇年前にできた若い岩盤である。この岩盤で表層の一部に崩壊が発生したことから、一九九九年から六年間にわたり安定化のための工事が行われた。岩盤内側に掘削した二本のトンネル内部から合計九〇〇本のアンカーとケーブルボルトが岩盤斜面の表面近くまで施工され、不安定な岩盤を抑え込んでいる。

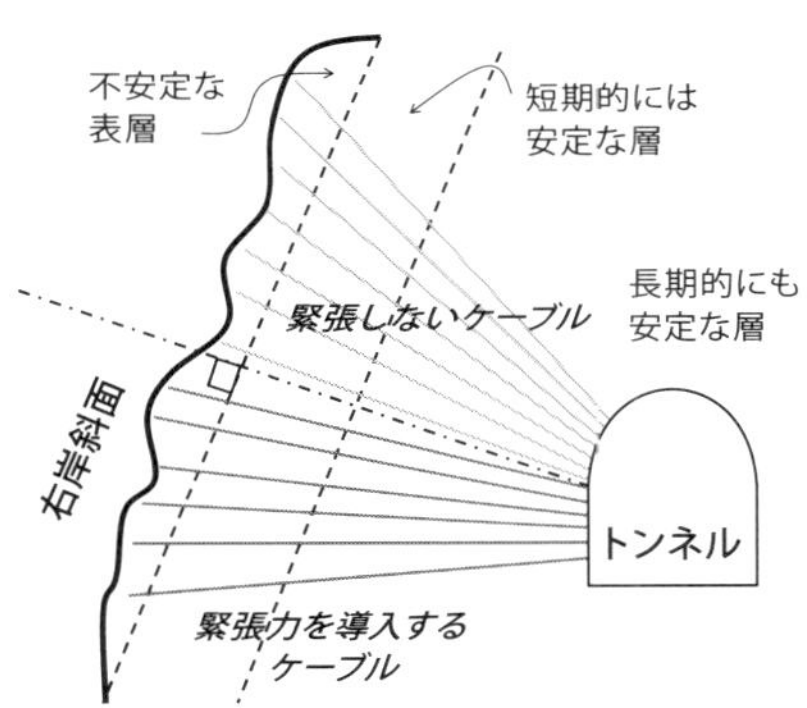

ケーブルによる岩盤斜面安定化のイメージ

土木遺産は、文化財としての管理計画を、本来の機能を継続させることとの折り合いの中で実施することが常に求められる。このため文化財としての価値である土木遺産の物理的構造やその構造的特徴、材料を継承しつつ、構造物や施設として劣化の進行を抑制して本来機能継続のための条件を維持する管理の技術や体制が重要となる。この中には、建設当時と異なった自然環境や新たな社会の要請などの社会条件の変化に応えるために、当初材料などの更新や変更を含む保全方法を選択する判断もありうる。しかし、この場合、機能継続を理由に文化財としての価値が損なわれることがないように、両者のバランスをとるための方策をぎりぎりまで求めることは言うまでもない。

世界遺産の評価において多様な文化と遺産の多様性を認めることで木造建造物の真正性に新たな解釈がされたように、今後、土木遺産の保全事例が増加していく中で、本来機能継続のための保全に対する真正性や完全性の解釈の整理が必要となる可能性がある。

防災という大きな役割を今後も継続しつつ土木遺産としての価値を継承する立山砂防の「防災遺産」としての存在は、土木遺産に対する新たな文化財の概念の境地を拓く一つの典型例となるものと思われる。

註

1「産業ヘリテージを継承する場所、構造物、地域および景観の保全に関するICOMOS・TICCIH共同原則」最終版、2010年10月8日（PDF閲覧可）。

この前文中に「産業遺産の中に工業技術・プロセス・エンジニアリング・建築、都市計画に関連する有形なものとともに、労働者やそのコミュニティーに伝えられる技能、記憶、社会生活などの無形たものも含まれる」とある。また、定義には「産業のヘリテージを構成するものは、場所、構造物、複合施設、地域および景観と、工業生産プロセス、原材料の採取、原材料の製品に関連するエネルギーと輸送インフラ（中略）の関連機械、対象物または文書によって構成される」とある。

2 ASCE: American Society of Civil Engineers

3 ICE: Institution of Civil Engineers

4 HBIS: Historic Bridge and Infrastructure Awards

参考文献

土木学会編『歴史的土木構造物の保全』鹿島出版会、2010年

『白岩砂防えん堤保存管理計画検討業務委託報告書』砂防フロンティア整備推進機構、2009年

『歴史的鋼橋の補修補強マニュアル』土木学会、2006年

塩野七海『すべての道はローマに通ず、ローマ人の物語X』新潮社、2001年

N. Cossons, B. Trinder『アイアンブリッジ』五十畑弘 訳、建設図書、1989年

常願寺川が育てた偉大な技術者たち

高橋 裕

東京大学名誉教授

常願寺川を見ずして、日本の河川は語れない

一九五一（昭和二六）年から約五年間、富山県常願寺川の下流から上流の立山砂防までを通し、ほぼ毎年、踏査を行った。学生時代の指導教官や文献から、常願寺川という、治水の極めて困難な川が日本に存在することを、存分に見聞きしてきたからである。

いまも、海外の人々に「常願寺川も見ずして川の勉強はできない」ということを、機会あるごとに説明するが、理解を得るのは難しい。なぜなら、欧米では、険峻な河川の上流に人が住むことは少なく、そのような地域に治山治水事業をする必要がないからである。

一方、日本には流長が極めて短く、川の勾配が平均三〇分の一という急流河川が少なくない。なかでも、急流で大量の土砂を生み出す常願寺川の治水砂防には、古くから様々な人々がその人生を賭してきた。この川は長さ五六キロメートル、流域面積三六八平方キロメートル、河川勾配は一九分の一から一〇七分の一、下流平野部では一〇〇分の一という急流である。

常願寺川では、上流の砂防から河口に至るまで、先人たちがどうにかして川を治めようと思案し、並々ならぬ努力を継続してきた。大量の崩壊土砂が堆積する立山カルデラに対して上流の要所に設けられた砂防堰堤群や、下流の改修区間での様々な堤防、護岸、水制によって懸命に対処しようとした努力の成果は、これらの土木構造物に結実している。砂防の堰堤群、下流の「ピストル水制」や「お墓水制」などは、世界のどこにも見られない構造物である。これらは、上流の砂防における赤木正雄、下流の河川改修の橋本規明など、卓越した技術者による、世界に例を見ない技術の成果である。

日本には外国にルーツをもつ技術は多いが、砂防・治水技術、特に常願寺川にみられる技術はすべて独創的なものであり、そこに大きな価値がある。日本の技術者の英知によって、現在の立山カルデ

常願寺川下流域の大転石

ラと常願寺川の安定がはかられ、富山平野に住まう多くの人々の安全と安心が確保されている。

本稿では、常願寺川の治水を通じて独自に発展を遂げてきた日本の砂防・治水技術と、それらを担った技術者を紹介し、日本固有の河川事情を考えてみたい。

赤木正雄と立山砂防

立山砂防の重要なマスタープランの原計画を作成したのが、赤木正雄（一八八七～一九七二）である。後に参議院議員を務め、文化勲章を受章している。

赤木は東大農学部林学科で砂防を学んだのち、砂防技術を勉強するため自費でオーストリアに留学する。ヨーロッパでの先進的な砂防技術を体得し、日本に帰国した一九二六（大正一五）年より、立山砂防に着手している。赤木の立山砂防への取り組み方は、現在ではなかなか発想できないような工法の導入にある。

赤木の第一高等学校時代、当時同校の校長を務めていたのが新渡戸稲造である。新渡戸校長は学生に「今年の大水害（明治四三年の大水害）でわかるように日本は水害の国だ。諸君のなかで、一生を日本の川を治めるのに献身するものがいないか」と語りかけた。この講演にいたく感動した赤木は、砂防の道を志し、自費でオーストリアへ渡ったという。赤木のオーストリアに対する熱意は有名で、「ヘル・エステルライヒ」というドイツ語のあだ名まで付けられたという。

さて、常願寺川に限らず日本の河川では、上流から下流に沿って事業の目的別に所管する事業所が分かれており、赤木の時代にも中下流域を担当する治水の大家と熱のこもった議論が交わされている。現場での赤木は、独特の治水観を持って工事を進めた。夏に限らず、太陽が上がる前から仕事を開始し、午後は山の天気を考慮し、昼飯後早々に事務所へ戻った。のちに、この頃の習慣が抜けず、砂防会館へは、朝は始発電車で通勤し、昼飯が終わると帰宅したという。

赤木と河川の技術者の間で意見が相違したのは、土砂対策についてである。河川は、ある程度、下流へ常に土砂を補充することも大きな役割である。砂防を専門とする技術者は、生産される土砂をいかにして溜めるかをまず考える。もっとも赤木は決して、土砂を溜めることばかり考えた訳ではなかった。

ひとたび洪水に見舞われると大量の土砂が流れてくる常願寺川では、江戸時代末期の安政年間の洪水で流されてきた巨石が、下流に点在している。人々が居住する平野部に、このような巨大な石が流される川は、世界にも見当たらない。もっとも、海外ではこうした場所に人が住まないからであるが、面積の約七割を森林が占める日本では、残りの僅かな平野部に人口と財産が集中している。日本は災害大国であり、近年の東日本大震災のように大地震、大津波などあらゆる自然災害のリスクにさらされる国なのである。

気候変動によるものか、一時間に一〇〇ミリといった降雨が、例えば東京でも近年で三回程発生した。私が東京都の河川に関する会議に携わっていた頃、一時間に五〇ミリが約一〇年に一回であり、よって、一時間五〇ミリに耐える河川や下水道が目標であった。日本記録の時間雨量は、一九八九年七月二三日、長崎豪雨の際、同県の長与町役場の屋根の上の雨量計が記録した一八七ミリという驚異的な値である。これは欧米など先進国では信じられない値である。以前に中東各国で講演を行った際、そこは概ね一年間に三〇ミリから一〇〇ミリ程の降水量であるため、日本の降水量を説明しても桁を間違えているのではと言われる始末であった。

とりわけ常願寺川は、大量の豪雨に加えて、土砂が流出する。一八五八（安政五）年の飛越地震で

常願寺川の砂防堰堤群

大崩壊し、以後も、度々の大洪水で土砂が多量に動くようになり、日本で最も治水の難しい川になった。そのため常願寺川において、上流の砂防、下流の河川改修と、極めて独創的な技術が誕生した。日本は明治以後、土木技術の多くを外国から取り入れたが、常願寺川では、決して模倣ではなく、赤木をはじめとする技術者が、川の土砂の動きかたを研究しながら、最も適した砂防堰堤、堤防や水制の導入に取り組んだのであった。

のちに「砂防の父」と呼ばれた赤木は、常願寺川で砂防の腕を磨いた。常願寺川に出会ったからこそ、これだけ卓抜な、芸術品とさえ思われるような堰堤群を築くことができたと言えよう。

常願寺川と卓越した河川技術者たち

「川の神様」と言われた鷲尾蟄龍（ちつりゅう）（一八九四〜一九七八）は、常願寺川の河川改修にも携わっており、次のようなエピソードが残されている。ある時、富山工事事務所において鷲尾の視察が行われることになり、事前の想定問答の作成など職員あげて対応策を練ることになった。鷲尾の質問は、例えば「河口から何キロ先の右岸堤防周辺にあった石は、今はどこにあるか」といった類のもので、その背景には、石が動いたとすれば、なぜ動いたか、その考察が河川事業に重要となるという鷲尾の信念があった。そのため職員は、視察を前に流域をつぶさに調査して回らねばならなかった。筆者は若い頃、先輩である鷲尾とともに各地の河川を訪れ、多くの教示を授かった。たとえば、砂防堰堤の上流側にある個々の石は、何年前に流れてきたものかおよそが判別でき、自転車で堤防を走ることにより、河川勾配を足の感覚で知ることができた。こうした経験から、富山工事事務所の職員にとっても、視察前の調査は大きな財産となったと思われる。

次に、一九〇二(明治三五)年生まれの二人の技術者を紹介したい。

ひとりは、橋本規明(のりあき)(一九〇二〜六九)。昭和二〇年代の後半、富山工事事務所長を務め、ピストル水制やお墓水制などを生み出し、またタワー・エキスカベーターで河床を掘削するという、極めて発想豊かな技術者であり、生涯をとおして河川と向き合った人物である。橋本のピストル水制は、黒部川など北陸の川にはいくつか設けられており、台湾の東海岸の河川でも設けられている。

もうひとりは安藝皎一(あきこういち)(一九〇二〜八五)。「河相論」というユニークな理論を提唱し、赤木の砂防の考え方にはやや批判的であった。安藝は、適当な土砂が上流から流れてくることで、河口や海岸線が保持されると主張していた。安藝は一九三五(昭和一〇)年、東海道の富士川の大洪水対策として、

常願寺川の水制

日本で初めて、鉄筋コンクリートの水制を、富士川の河口の周辺に設けたことで知られる。富士川での水制群からの富士山の眺望は、日本の治水風景の白眉である。現在、富士川のかつて水制のあった河川敷の一部が、森林へと変化しているのは残念である。

河川は、中小規模の洪水はある程度必要である。それは生態系にも望ましい。洪水で破損した堤防や護岸を丁寧に観察し、来るべき大洪水に備えるということを、鷲尾、橋本、安藝を代表とする先輩から学ぶことができる。

土木技術の社会性

常願寺川の治水砂防は極めて独創的である。赤木はオーストリアの砂防を教訓としつつ、立山に合致した砂防を考えた。河川改修技術者も常願寺川の実態に即した独創的な工夫を凝らした。常願寺川に価値があるのは、ここで生まれた世界でも稀な技術が、立山砂防であり、また橋本に代表される急流河川改修技術だからである。

前述の通り、日本の土木技術には中国や欧米から移入された例もあるが、平野部の少ない日本の急流河川には独自の砂防と治水の技術が発達した。治水の難しい常願寺川に対峙してきた技術者の熱意と発想が、先駆的で世界的な砂防と治水事業を生み出したと言える。なかでも、安政の大崩壊の後、洪水が頻発してきた常願寺川の治水は、赤木や橋本らの偉大な技術者を生み出した。彼らは、常願寺川での自然と格闘して、技術を練磨し、いかにして社会要請に応えるかを常に考え、現場をよく観察し、自身の技術を開拓していったのである。

立山砂防は赤木のみによって完成された訳ではない。その後も、赤木の後継者が大土石流などをよく観察し、砂防の技術の向上に努めた。日本の河川は社会との関わりに対応しつつ、その時代の資材や技術水準などを背景に治水砂防の技術的対応がはかられ、個性あふれた河川になっている。治水砂防は、上流の水源地から河口に至るまで、関係機関が一致協力して治めることが重要である。

常願寺川をはじめ日本の河川は、大量に流出する土砂対策に苦労してきた。全体として土砂を安定させるにはどうすればよいか、また、川を有機体として観察し、将来に備えることが砂防や河川の技術者の大切な役割である。技術者はもちろん、多くの住民が川に親しむことこそ、その河川と共存共栄していく力になるであろう。周辺の環境や土地利用の在り方を考えながら、河川に親しみ、愛しみ、付き合っていきたい。

立山砂防を視察する著者

第二章　座談会

五十嵐敬喜　日本景観学会会長
石井隆一　富山県知事
五十畑弘　日本大学生産工学部教授
岩槻邦男　東京大学名誉教授
西村幸夫　日本イコモス国内委員会委員長
松浦晃一郎　前ユネスコ事務局長

日本固有の防災遺産

立山砂防の防災システムを世界遺産に

四〇〇年にわたる水害への防災

石井　富山県では現在、立山砂防の世界文化遺産登録をめざし、取り組んでいます。常願寺川の源流である立山カルデラは、東西六・五キロメートル、南北四・五キロメートルの楕円形の巨大な窪地で、ここから、大雨ごとに常願寺川へ、大量の土砂が流れ出ています。常願寺川は、世界の主要河川の中では最も急流な河川のひとつで、三千メートル級の立山から水深千メートル超の富山湾まで、五六キロメートルほどしかない。また、雨量は、世界屈指の降水量とされるマーシャル諸島よりもさらに多いと言われます。そのため、約四百年余り前の佐々成政の時代から富山城下を守るため常願寺川の馬瀬口に堰堤をつくったり、その後、江戸時代に入ってからは、富山藩主前田利與が常願寺川の川縁に水防林（殿様林）を植林するなど、治水のために様々な努力を積み重ねてきました。

安政五（一八五八）年二月二六日（新暦四月九日）に、飛越大地震が起こり、カルデラ内の大鳶山と小鳶山が崩壊し、大量の土砂が河道を閉塞し、巨大な天然ダムができました。それが二回にわたって決壊して富山平野を襲い、記録に残るだけでも死者一四〇人、負傷者八九四五人の大災害になりました。常願寺川は、それまでも水害の多い川でしたが、これ以降、水害が著しく増加することになります。

富山県は、明治一六（一八八三）年に石川県から分県しましたが、その最大の理由は、富山県側が人命と耕地の保全のための治水や砂防を最重要課題としたのに対し、石川県（加賀）側は道路整備を優先するべきだとしたという、県政の基本方針の違いだったと言われています。驚くべきことに、富山県は明治二四（一八九一）年の予算の実に八二パーセントを治水や砂防の対策費として計上したという記録が残っています。

富山県は明治三九（一九〇六）年から県直営事業として立山カルデラの砂防事業を進めましたが、構築した堰堤がその度に土石流によって崩れてしまう。そこで国に働きかけ、大正一三（一九二四）年に砂防法が改正され、国直轄事業として立山砂防事業が進められることになりました。ヨーロッパに留学して先端の技術を学び、後に「近代砂防の父」と言われる赤木正雄博士が立山砂防事務所初代所長として赴任します。赤木所長と砂防技術者たちは、上流に白岩砂防堰堤を、最上流に泥谷砂防堰堤群などを、中流には本宮堰堤などを順次設けて、水系一貫の防災対策に取り組みました。これが現在に続く立山砂防の基礎になっています。

石井隆一・富山県知事

「顕著な普遍的価値」とは何か

松浦　今回の立山防災システムの世界遺産登録のためには、学術的に二つのことが重要です。

立山砂防は、大量の雨によって起きる被害を防ぐための単なる防災システムでなく、自然と共生する形で砂防システムがつくられたところが重要だと思いますが、世界遺産には真正性（オーセンティシティ）という基準があります。若干の弾力性がありますが、原則として、つくられた当時のものでなければなりません。

もう一つは完全性（インテグリティ）――もとのままに完全な形で残っていなければいけないということです。

この二つの基準にもとづいて、ストーリーに合致した形で真正性と完全性の見地から構成資産をどこまで入れるかを詰めていかなければいけません。これは現場をよく見て決めるべきことです。

西村　最近、世界遺産の専門家の間では「顕著な普遍的価値（ＯＵＶ：Outstanding Universal Value）とは何か」という問いに対して、「ユニバーサルの問題に対するアウトスタンディングな（傑出した）解」という言い方がよくされています。

その点から言うと、立山砂防の場合、これだけの規模の砂防は、国内はもとより世界にもない。立山砂防がアウトスタンディングな解であることは明らかです。その点を明確に伝えれば説得力があるし、海外の専門家も同意できるはずです。

また、立山砂防では現在もトロッコを使って工事が進められており、砂防堰堤のメンテナンスにも使われています。通常の堰堤はできたら放っておかれるだけで、メンテナンスのためにトロッコまで敷設した例は世界にもありません。この一つを取り上げても特別な堰堤であることは間違いない。既存の世界遺産にも、似たようなものはないと思います。

日本の砂防堰堤の特徴

松浦　水管理システムの世界遺産は世界に一〇か所ほどあります【一五三頁表参照】。なかでも、海面よりも低い土地で暮らしているオランダの国土保全は、水管理システムの発達に大いに関係があり、オランダの世界遺産は水の利用の点に注目したものがいくつかあります。また、フランスなどの他の西ヨーロッパ諸国では、特に交通のための運河が世界遺産になっています。

しかし、砂防という観点の世界遺産は一つもありません。砂防が必要になってくるのは、上流で大量に雨が降り、急流に砂が流れ出すという地形ですから、そういう場所は世界でもそうはないのでしょう。フランスの川は平野を流れていくだけですし、アルプスの周辺にはほとんど人が住んでいません。

五十畑　日本の砂防堰堤の特徴は、日本の地形に密接に関係があります。ヨーロッパには長い河川がありますが、日本の川は長くてもせいぜい三〇〇キロメートル程度。常願寺川は約六〇キロメートルです。この短い川の上流で発生する土砂の流出を抑制し、中流域で堆積させるという流域全体での方法を考えなければならない。さらに、完全に堆積させてしまうと河口が侵食されてしまうので、土砂はある程度は流さなければなりません。このように、流域全体での土砂の収支バランスを考えなければ全体の水管理システムを誤ってしまう。こうした流域全体の調節機能が、日本の砂防システムの特徴です。

一方、フランス、オーストリア、スイスなどでは、流域全体ということではなく、その支川のU字谷の渓流から村落のある地域までを対象とした川の一部分で、土砂の流出や堆積をさせるという砂防の考え方です。ここに、規模の大きさも含めて、日本とヨーロッパの堰堤の大きな違い

松浦晃一郎

が出てきます。

西村　アルプスにも堰堤はありますが、非常に小さなものです。常願寺川の場合、富山平野の中下流域にはたくさんの人が住んでおり、ここを絶対に守らなければならない。これも大きな違いです。

富山の砂防を見ずに砂防は語れない

五十畑　水管理システムという観点から言えば、日本の他の地域にもヨーロッパと似たような砂防施設がないわけではありません。二〇一四年八月に七四名の死者を出した広島県の土砂災害では、河川の流域全体というよりも、複数の扇状地よりなる地区の土砂災害防止が対象となります。

富山県の場合は、「富山の砂防を見ずに砂防は語れない」と言われるほど非常に厳しい条件のなかで、流域全体を考えて水管理システムをつくっています。カルデラの出口で土砂の流出を抨止し、中流域で抑える。治山とともに、そのバランスをとって管理する最大のシステムが立山砂防であることは間違いありません。

昭和一〇年代前半にあれだけのシステムを完成させたのは驚くべきことですが、それ以前に、何度も流されながらも県が苦労して石を積んでいた歴史があり、それが国に引き継がれていった経過をみると、水害との非常に長い戦いがあったことが現在の砂防堤防に繋がっています。その意味で、歴史的にも一番古い水管理システムと言えるでしょう。

石井　ヨーロッパをはじめ世界の砂防、渓流工事などに精通されているスイスのアンドレアス・ゲッツさん（スイス環境庁次官、当時）は、立山砂防について「これほどすばらしい例は他のどこにも見当たらない。世界中の技術者の手本となり、文化的な面だけでなく、技術的な面でも世界にとっ

五十畑弘

ての参考となる」と評価されています。

西村 オランダの治水の専門家ヨハネス・デ・レーケは、明治初期に当時の政府に招かれて来日し各地の河川改修に関わった。その人ですら、立山を見て「ここだけはできない」と言っています。

松浦 そこは非常に重要です。世界遺産では国際的な視点も必要ですが、日本は小さな国に山がたくさんあり、急流もある。そのなかで立山砂防は歴史的にも古く、最大の規模で、しっかりした形で残っていることを明らかにしなければなりません。

universalの二つの意味

岩槻 「立山砂防は本当にこれでいいのか」といった反論が学会などから出てくることはないのでしょうか。例えば、土砂を止めると、恒常的に下流に供給されていた土砂がなくなるし、止めた土砂はいずれ処理しなければならない。立山砂防では土砂を人為的に止めることについての収支の計算が立つような形で砂防学が進められているのか。富山湾への影響は本当に認められないのでしょうか。

もう一つ気になるのは、世界遺産の「顕著で普遍的な」という説明についてです。立山砂防が非常に難しい水管理システムを上手に行っている点はよいのですが、六〇キロメートルの間に三千メートルの落差がある、雨量が世界一多いなど、非常に特殊な例だと思います。この非常に特殊な例が、本当に普遍的な意味をもつのかどうか。例えば、ヨーロッパの河川の砂防にこの技術はほとんど役に立たないようですが、そういうものを普遍的なものとしてどう説明すればよいのでしょうか。

私は、生物多様性の研究で、非常に特殊なものばかりをモデルにしながらそこから普遍的な原理原則を描き出していくので、その部分の説明が気になっています。

松浦　「universal」は「universe」の形容詞で「宇宙」、さらには「世界」という意味です。「universal value」は日本語では「普遍的な価値」と訳されていますが、「どこでも通用する」という意味にとれます。もう一つの意味は、「世界的な価値がある」「世界でも稀なものである」です。世界遺産条約が署名された一九七二年当時は、こちらの意味に重点が置かれていました。「普遍的な価値」と訳されたのは、「universal」には「世界的」という面と「普遍的」という面の両方があり、一つの日本語にできないからです。

今回の場合の「universal」は、「普遍的」というよりも「世界的に見て独自」、ここだけのものという理解でよいと思います。その方が、むしろ立山砂防の特徴が際立ちます。

岩槻　ここで磨かれている技術が世界各地でどう活かされるかという説明が出てくれば、「universal」を「普遍的」と理解する立場であっても非常に優れている技術として転用できると思います。

松浦　立山砂防の技術を外国で活用した事例がありますか。

石井　ヨーロッパでは、気象条件が違うので、この技術を活用した例はないようですが、ベネズエラ、ネパール、インドネシアでは立山砂防の技術が活かされた砂防堰堤ができ、実際に成果があがっています。知識として学ぶだけではつくれないので、実際に立山砂防の整備に携わった技術者が各国の現場に数年赴任し、堰堤をつくって防災の成果をあげ、その国の政府から評価され、表彰された例もある。「universal」を、岩槻先生が言われた意味での「普遍的」と解しても、それに当たるのではないか。そうしたことをさらに丁寧に説明していく必要があります。

独自であり普遍的な価値

松浦　例えば、姫路城は顕著な「universal value」なものとして登録されていますが、姫路城のような大規模な木造建築は決して世界的に普遍的なものではありません。むしろ、日本固有であり、姫路城に独特なものです。それがむしろ評価されているわけです。この場合の「universal」は「世界に他には例のない独自なものである」という意味であって、世界的にその技術なりが使われるという意味ではありません。

　法隆寺も一二〇〇～一三〇〇年前の木造建築が、しっかりした形で残っている。ここでの「universal」は、やはり「非常に独特でも、誰もが非常に立派なものだと認める」ということです。

岩槻　技術が使われることはないかもしれませんが、姫路城の場合は、姫路城がつくりだした美的なものが普遍的なのではないでしょうか。

松浦　それもやはり「独自なもの」です。大規模な木造建築が、世界に例がない、日本だけだというところに「universal value」があるのです。

岩槻　「universal」を「普遍的」と訳して理解しなくてもよいのかもしれませんが、私は「普遍的」という意味は、それぞれの世界遺産に備わったものだと考えます。どこでもあることが「普遍的」なのではなく、そこにある顕著なものにどんな普遍的価値があるのか。どこにもない特殊なものが、どういう普遍的な価値を持つかが重要なのではないでしょうか。

松浦　つまり両方の意味があるということですね。独自だけれど、それを世界の人がきちんと評価してくれる。あまり独特すぎて変だ、奇異だというのではいけない。みんながその価値をわからなければなりません。

砂防堰堤は持続可能と言えるのか

五十嵐　私は法律家で、公共事業に対して非常に問題があると発言してきた一人です。立山砂防にはいくつか論点があると思いますが、その一つは、巨大ダムと砂防堰堤はどこが違うのかということです。

一九九〇年代からアメリカでもヨーロッパでも、自然に対抗する人工物によって水を止めることは完全に失敗であるという反省から、むしろダムはつくらないどころか「撤去」する流れになっています。

砂防ダムは基本的に自然と対抗して土砂を止める思想に基づいています。世界の人々に、その技術が評価されることはあるでしょうが、現代の新しい流れの中で受け入れられるかには、大変疑問がある。

具体的に言うと、普遍的な価値には、先の「世界的に見て独自か否か」というものと、もう一つ、それは持続可能か否かという価値もある。この持続可能性という視点から見ると「砂防堰堤のコンクリート」はいずれ崩壊します。砂防堰堤はここだけでなく、全国に何万とあるが、毎年、毀損していく数と新たにつくられる数がずっと拮抗しています。毎年二〇パーセント台の堰堤が失われ、年間約四千億円の予算をかけて二〇パーセントの堰堤が新たにつくられ続けている。このような構築物を本当に持続可能性があるというのかどうか。これは先の「真正性」とも関わる論点です。

また、治水ダムが典型ですが、上流で土砂を止めると、海岸に土砂が補充されなくなり、波で侵食されていくので海岸線が壊れていく。それを防ぐために日本中の海岸沿いにテトラポットを

五十嵐敬喜

置かなければならなくなった。これも異常な状態です。もちろん自然の流れに抗することによる魚や生物に対するダメージも決定的なものがあります。

さらに、砂防ダムは巨額の予算を使っていますが、予算に対する費用対効果はどうか。あるいは、堰堤以外に他の手段による「減災」は考えられないか。防災は自然と対峙するという概念ですが、「減災」は自然と共存するという考え方で、これは治水ダムでは今後主流になっていくでしょう。

砂防堰堤が本当に安全なのかどうかも問題です。砂防堰堤のあるところで事故も起きています。物理的な安全性に頼りすぎて住民が安心してしまうため、逆に危険であるという説もあります。世界中の多くの市民運動やNPO、さらにはアメリカの政府なども、こうした巨大構築物にネガティブになっている。このような「脱近代」の風潮の中で立山堰堤をどう見たらいいのか、もっともっと議論しなければならない。

五十畑　確かにアメリカなどでは、ダムを取り壊す流れがあります。ただ、日本の砂防堰堤は急峻な地形を穏やかにするためであり、自然と完全に対立するという考え方とは少し違うところもあります。立山砂防では、完全にコンクリートで固めるというよりも、一部に自然を残し、植生を這わせるといった方法も取られています。

また、七〇年前に立山カルデラの中に作られた砂防堰堤には、自然の植生が復活し、緑に覆われています。立山堰堤には自然と折り合いをつける考え方があるように思います。コンクリートを使っているとしても、そうした解はありうるのではないでしょうか。

コンクリートの劣化はご指摘の通りです。コンクリートは永久ではありませんから、つくった後も世話をし続けなければならない。特に砂防堰堤の場合は、いったん土砂が堆積してしまうと、貯砂のために新たな堰堤が必要になります。

しかし、砂防堰堤が満砂になっている状態は、そのことによってまさに地形の崩壊を食い止めている状態です。つまり、満砂であること自体に意味がある。土砂が溜まることで水や土砂の調節機能を果たしているわけですから、埋まってしまうから無駄だということにはなりません。

五十嵐　治水・利水でつくったダムは、砂・岩あるいは流木でいずれ満杯になります。そうすると治水・利水機能は全くなくなります。砂防堰堤も、満杯になったら土砂は放流されるわけですから「砂防」の意味がなくなる。重要なことは、こうなった場合の対処方法を、放射廃棄物の最終処分場と同じように、人類はまだ持っていないということです。そのまま排出すればよいという人もいますが、そうすると海が死にます。現にこれを巡って裁判が行われている。この点に関する解決策について旧建設省、国土交通省に何回も問いただしてきましたが、彼らもしぶしぶ「埋め殺す」以外にないと認めていました。私は「ダム」はいずれ二〇世紀の最大級の産業廃棄物になると思っています。こうした観点からの批判に対して、立山砂防にはそれを凌駕する価値がある、あるいはそういうマイナスが生じないよう様々な工夫をしているという説明が必要です。

自然の一部になる砂防堰堤

西村　常願寺川はもともと暴れ川でたびたび水害を引き起こしていました。特に、幕末に起こった大地震によって、カルデラの一部が崩壊して推定四億トンの土砂が溜まり、それが流れ出したことで様々な被害が起きています。富山平野は城下町で人口密集地ですから、その被害をなんとか止めなければならないという大前提があります。ヨーロッパの山岳地帯のように人口が少なければ、移住するか避難すれば済むかもしれませんが、市街地が密集していますから、逃げるというのは現実的ではありません。

　明治時代になって、現代の水管理システムを導入したことでようやく止めることができた。事実、その後はほとんど水害がなくなっています。現在、常願寺川に水害がないのは、こうした長い努力によって止められてきたからです。堰堤がなければ、カルデラの中に残っている二億トンもの土砂が流れて来るわけですから、立山堰堤にはダムとは違う効果があると言えるのではないでしょうか。


五十嵐　それに対しての最近の意見は、端的に言えば、一つは人間を移動させる、危険地帯に住まわせない、災害に対応できる床上げなどの建築を考える、財産的損害はともかく、とにかく命を守るための避難路を確保するなどがあります。今後人口減少社会を迎えるにあたって、これは政策的にも実行可能性が出てきています。

　もう一つは、人工物で止めるのではなく、湧水地とか堤防を強化する。堤防を越えてくる水は仕方ないが、堤防を破壊する水はどうしても防がなければなりません。また浚渫（しゅんせつ）などによって水を逃がす。これらの方法は、水と闘うのではなく水と共存していく考え方です。そのために一九九七年に河川法も改正されました。

　改正のポイントは、環境への配慮と住民参加でした。物理的に止めるだけでなく、総合的に危険を減らしていく方法の開拓が始まったのです。ところが、どういうわけか、治水三法と言われた河川法、森林法は戦後、新法が制定され、また改正されているのに、砂防法だけは依然として明治のまま。これは法の世界では、非常に不思議なことです。砂防は山の奥にあるため、土石流の災害などがあると報じられますが、一般的には人の目に触れない。そのため矛盾も顕在化せず、そのまま放置されてきたのではないか。

西村幸夫

西村　水を逃がすという意味では、すでに一六世紀に霞堤がつくられている。常願寺川では、四〇〇年にわたってそうした努力が続けられてきました。

五十嵐　今回視察で、常願寺川を河口から遡って、日本でもっとも多く残っているという霞堤も、戦国時代の富山城主・佐々成政が天正年間（一五八〇年代）に築堤したという三面玉石張りの大堤防（佐々堤）の跡も見ましたし、富山藩の六代藩主・前田利與が、江戸時代に水防林として約六ヘクタールもの松苗を植栽した「殿様林」の名残も遠望しました。

そうした努力は確かに認めますが、だからといって現在の方法に矛盾がないとは言えません。ある意味では、技術が発達した現在だからこそ、そうした先祖たちの努力の根源にあった「自然とのつきあい方」を活かす術に学んでもいいのではないかと思います。

石井　流域の住民が少なければその議論もあると思います。しかし、現実に下流には人口約四〇万人の富山市がある。また、そうした議論を進めていくと、日本列島のように地震が頻繁に発生する列島に人が住むのがいいのかという議論になっていきます。結局、地震や雨が多い日本列島に住むことを前提に、いかに対応するかということではないでしょうか。

砂防について言えば、砂防堰堤は時間とともに埋まっていきますが、埋まることによって効用がなくなるのではなく、地形がなだらかになって恒常的に安全が保たれる。ある意味では自然の一部になっていくわけです。常につくり続けなければならないという議論はあるでしょうが、つくったことで地盤が安定していくのは間違いないでしょう。

その意味では、カルデラ内の泥谷砂防堰堤群を見ると感動します。工事の時には土砂の流出によって植物が定着せずに赤茶けていた土地が、現在では緑なす山腹になっています。しかも、それまでは頻繁にあった水害が、その後はピタリとなくなりました。立山砂防は防災とエコをともに実現していると思います。

松浦　日本の人口は、明治維新以降の近代化の恩恵によってどんどん増え、明治初期の三二〇〇万人と比較すれば、現在までに四倍に増えています。しかも日本の七五パーセントは山ですから、増えた人口は平野部の二五パーセントに集中している。このように狭い土地に一億二千万人が住んでいるわけです。これから人口は減少していきますが、それにしても、その人たちの安全のための防災対策——ここでは砂防堰堤が必要だったわけです。

問題は、どういう形の砂防であれば、安全を保ちつつ自然とそれなりに共存できるのかであって、人間をどこかに移動させるには無理がありますし、実際に大挙して移動できる場所もありません。

三陸の防潮堤と立山砂防

五十嵐　現在、東日本大震災の被害を受けて、海岸線に沿って三〇〇キロにわたり、五階建てと言われる巨大な防潮堤がつくられています。物理的に安全を確保する意味では安全かもしれませんが、私は批判的です。それと砂防堰堤はどこがどう違うか。砂防堰堤だけは、巨大ダムや防潮堤と違い、自然と共存できるということなのでしょうか。

松浦　防潮堤に関しては費用対効果から私も疑問に思っています。東日本大震災の人的被害は地震よりも津波により起こりました。一番の問題は防潮堤がなかったことではなく、まずは気象庁が津波警報を早く出せなかったこと。そして、住民たちに「大地震があったら逃げなければいけない」という認識が低かったために、すぐに避難しなかったことが大きな原因です。だから、防潮堤をつくるよりも、気象庁の警報システムを整え、住民の避難訓練をしっかりする方がより重要です。一方、常願寺川の土砂被害は短時間で起こるわけですから、予報も難しく、逃げようとしても困難です。

五十嵐　危険を察知する時間の問題でしょうか。これは物理的なものだけでなく、心理的なそれも考慮しなければならない。双方を見ると、津波でも大雨による洪水でも同じです。長野県では砂防による災害が起きています。住民は砂防施設があるから大丈夫だと安心していました。ところが鉄砲水が出て、砂防堤が崩れて何十人も亡くなっています。

砂防は森の保全の一環

岩槻　河川工学の泰斗である高橋裕先生によると、砂防堰堤は、明治以降につくられた防潮堤とは違い、そこで生活している人とどう共生させるかという発想でつくられてきたそうです。その発想の一つとして、常願寺川の場合には非常に多くのコンクリート堰堤が必要になったのであって、少なくとも日本の砂防工学全体としては、堰堤づくりが主体ではないという考え方で進められているようです。

西村　日本の砂防の専門家の大半は農学部出身者であり、森林の専門家です。だから単にコンクリート構造物をつくるというよりも、森を守る一環として砂防を捉え、できたものはまた自然の一部になっていくという考え方が基調にあります。立山砂防では泥谷砂防堰堤が典型ですが、砂防堰堤自体がもはや見えなくなり、自然の谷のようになっています。砂防堰堤がなければ、おそらく侵食が続いて自然が荒れ、下流にも影響を及ぼしたでしょう。ところが、砂防堰堤をつくったことで、自然が戻り、構造物も見えなくなるほど自然が再生している。日本の自然が強いこともあるでしょうが、「共生」が日本の砂防の特徴だと思います。

五十嵐　普通のダムも、砂などが溜れば表面的にはいかにも自然に戻ったように見えますが、現実は腐った水のたまり場です。土台はコンクリートですから、怖いのはいつ決壊するかわからないことです。

西村　堰堤は土砂のコントロールですから、ダムとは違います。

岩槻　そこはまさに、先ほど私が発言した点です。そうした問題が残っているのに、それを無視してつくり続けていいのかが気になっています。四百年の歴史をもって、非常によい状態で砂防を進めてきたことはわかります。日本の砂防が、西欧からの思想が入ってくるまでは自然と共生する形で進められてきたことも尊敬します。しかし、それでもなお、土木工学の世界で異論がなかったとしたら、そちらのほうが不思議です。

五十畑　幕末の大地震によって地形が変わり、明治年間はそれに対してなんとか安全を確保する闘いでした。石を積んでは崩れ、また積んでは崩れるという繰り返しの中で傷めつけられ、ようやく辿り着いたのが、現在も続けられている解です。その過程で、どう防災をしていけば安全が守れるかという議論の中で、砂防の方法論については相当な議論がありました。赤木正雄の源頭部での土砂流出抑制か、蒲孚（かばまこと）の主張する中流部での土砂の堆積が先かという議論です。しかし、常願寺川の砂防自体が是か非か、その前提になるような議論はおそらくなかったのではないでしょうか。

岩槻邦男

自然と人為の接点を探る努力

西村　コンクリートが究極の解かと言えば、そうではないこともあると思います。ただ、おそらく技術者のレベルでは、他の解が想定できないので「まずはこれで」ということだったのでしょう。

岩槻　「まずは」ですね。

西村　他の手段がないから仕方ありません。

石井　立山砂防がなければ、海岸に土砂が流れていくから海岸線を侵食させないという議論は、理屈としてはあるかもしれませんが、それではその前に富山平野に被害を及ぼしてたくさんの人が亡くなりますから、現実的ではありません。少なくとも富山平野に住んでいる人たちには、そうした議論はないと思います。むしろ、立山砂防の現場を見て感動し、下流の人々の安全のために明治期の県営砂防の時代から営々として、危険と隣り合わせの難工事に取り組んできた技術者たちに感謝し、サポートしようと「立山砂防女性サロンの会」などが結成され、大変熱心に活動されています。

五十嵐　自然と人為の接点はどこまで許容できて、どこまでならだめなのでしょうか。私は、それは「取り返しがつくかつかないか」という基準から見ています。

例えば、原発の使用済み燃料は半永久的に処理できません。治水ダムも満砂になれば放置以外にない。砂防堰堤も全てが埋まったら放置になるのでしょうが、それは自然と人為の接点への「危険信号」のような気がします。少なくとも「持続可能性」がなく、やはり人間はあるいは科学は「取り返しがつく」という点まで戻る必要がある。逆にそれ以上は進んではいけないと考えるべきでしょう。

もう一つは「危険への接近」という問題です。人々が危険地帯に住むことは、安全地がなければ仕方がありません。また近代以降の日本人口が江戸時代の三千万人から、戦後一億三千万人まで世界に例のないスピードで急増したことで、宅地が圧倒的に不足したのも事実です。しかし、本当に富山には可住地は少ないのでしょうか。県全体で考えてみる、あるいは日本国土全体にまで広げて考えてみれば、とてもそうとは思えません。機能・便利・経済などを安全・安心・文化より重視してきた「近代日本」の国土・都市づくりが、危険への接近の歪みをもたらしているのだと思います。

仮に可住地が限定されていたとしても、自治体も住民も危険地帯に住む場合の覚悟を持たなければならない。高床式の建物、避難路や避難場所の確保などがそうですが、どうもそういうものよりも巨大構築物の建設にすべてを委ねてきた。どんな場合でも「そこにいても安全なようにする」ことに集中してきている。便利さを無限大に追求するというのも同様な発想でしょう。防潮堤の建設はその最たるものです。防災遺産という観点から、巨大構造物にたいするこうした議論も必要だと思います。

世界遺産登録のためにどの評価基準を適応するか

松浦　今提起された問題は、そもそもの日本の土木工事の在り方を問う大切な議論ではありますが、現実に優れた砂防ができていますから、それを「顕著な普遍的価値（ＯＵＶ）」の観点からどう評価するか、世界遺産登録の評価基準の議論へと進めたいと思います。

現在では文化遺産と自然遺産の評価基準がいっしょになっているとは言え、文化遺産の評価基準の基本は（ⅰ）～（ⅵ）です。そのうちどれを当てはめるか。

従来の例を見ますと、立山砂防には（ⅰ）、（ⅱ）、（ⅳ）が考えられます。（ⅰ）は「人間の創造的才能を表現する傑作である」こと。（ⅱ）は「人類の価値の重要な交流を示すもの」。（ⅳ）は「人類の歴史上重要な時代を例証する建築様式、建築物群、技術の集積または景観の優れた例」ということです。

（ｉ）については、イコモス（ＩＣＯＭＯＳ）の専門家も「該当する」と言っており、私も賛成です。ただ、この場合は、あまり範囲を広げてしまうと「なぜこれが（ｉ）なのか」という反論が出ますので、構成資産の選択には注意しなければいけません。

また、立山砂防は（ⅱ）も該当するでしょう。日本の既存の世界遺産には外国の技術を取り入れて発展させてきたものがありますが、その際、イコモスから「もともとの技術は何だったのか」という批判を受けたことがありました。立山砂防は日本発の技術ですからその心配はありません。

従来の技術交流と言うと、日本が外国の技術を輸入した事例が多かったわけですが、今回は日本の技術を外国に輸出し、それが高い評価を得ているという意味で非常にしっかりしたものだと思います。ただし、（ⅱ）を採用するためには、ネパールなど実際に海外でこの技術を使った事例をしっかり調べ、検証する必要があります。

五十嵐　その技術は、立山砂防に固有な技術ですか、それとも一般的な日本の砂防技術でしょうか。

松浦　立山砂防の技術を使った事例でなければならないと思います。

西村　立山砂防の技術が日本の砂防技術の中核となり、全体として日本で育ってきた技術ですから、立山砂防固有の技術というのは難しいですね。

五十嵐　これだけの技術を使った砂防は国内には他にないでしょうし、一般的な技術を輸出した例は世界にもあると思いますが、富山の砂防堰堤に特有の技術を輸出した例はないのではないか。逆に言えば世界中に富山砂防堰堤のような独自の技術を使わなければならないところはあるのでしょうか。

五十畑　そのまま持っていった例はないでしょう。土木技術はその場所の条件によって当然変わるか

世界遺産の評価基準

(i)	人間の創造的才能を表す傑作である。
(ii)	建築、科学技術、記念碑、都市計画、景観設計の発展に重要な影響を与えた、ある期間にわたる価値観の交流又はある文化圏内での価値観の交流を示すものである。
(iii)	現存するか消滅しているかにかかわらず、ある文化的伝統又は文明の存在を伝承する物証として無二の存在（少なくとも希有な存在）である。
(iv)	歴史上の重要な段階を物語る建築物、その集合体、科学技術の集合体、あるいは景観を代表する顕著な見本である。
(v)	あるひとつの文化（または複数の文化）を特徴づけるような伝統的居住形態若しくは陸上・海上の土地利用形態を代表する顕著な見本である。又は、人類と環境とのふれあいを代表する顕著な見本である（特に不可逆的な変化によりその存続が危ぶまれているもの）。
(vi)	顕著な普遍的価値を有する出来事（行事）、生きた伝統、思想、信仰、芸術的作品、あるいは文学的作品と直接又は実質的関連がある（この基準は他の基準とあわせて用いられることが望ましい）。
(vii)	最上級の自然現象、又は、類まれな自然美・美的価値を有する地域を包含する。
(viii)	生命進化の記録や、地形形成における重要な進行中の地質学的過程、あるいは重要な地形学的又は自然地理学的特徴といった、地球の歴史の主要な段階を代表する顕著な見本である。
(ix)	陸上・淡水域・沿岸・海洋の生態系や動植物群集の進化、発展において、重要な進行中の生態学的過程又は生物学的過程を代表する顕著な見本である。
(x)	学術上又は保全上顕著な普遍的価値を有する絶滅のおそれのある種の生息地など、生物多様性の生息域内保全にとって最も重要な自然の生息地を包含する。

らです。

西村　そこはしっかり検証する必要があります。立山砂防の場合は、海外の専門家も価値基準の（ⅰ）を使うべきだと言う人が多い。なぜかというと、自然条件が非常に厳しく、土が脆い。特に左岸側は弱いので、単純に出口の堅い岩をコンクリートでブロックして土砂を留めるだけでは解決になりません。そこを解決するために、約七〇年前に「方格枠（ほうかくわく）」という、方格に重石を置く工法をキーにして堰堤を作っています。こうした工法は非常に条件の厳しい中でようやく辿り着いたユニークな解であると海外の専門家は言います。

価値基準の（ⅰ）は「人間の創造的才能を表現する傑作（a masterpiece of human creative genius)」ですから、従来は芸術作品のようなもの、城やタージマハールなどのイメージが強かったのですが、堰堤にも使えます。その意味で「universal」にもつながってきます。

真正性におけるメンテナンスの考え方

松浦　（ⅱ）を適応するとすれば、もう少し焦点を絞って検証する必要があるでしょう。さらに、（ⅳ）も該当すると思いますが、いかがでしょうか。

西村　（ⅳ）は全体としてのシステムが大切です。立山砂防では水管理システムと言っていますから、全体という意味では（ⅳ）も対象になると思います。

松浦　ただ、（ⅳ）だけでは難しいので、（ⅰ）と（ⅳ）を組み合わせて、（ⅱ）を使うかどうかについてはもう少し検討した方がいいでしょう。（ⅱ）のよい事例がなければ、（ⅰ）と（ⅳ）だけでも十分です。

石井　立山砂防の三点セットは、泥谷砂防堰堤群、白岩堰堤砂防施設、本宮堰堤で、ネパールの堰堤は本宮堰堤によく似ています。立山砂防のシステム全体を持っていった事例はありませんが、現地で生み出されたニーズに一部が生きているという意味であれば、あると思います。現地に指導に行った砂防の専門家がおられますから、その検証もできます。

五十嵐　本宮堰堤とネパールの堰堤が似ているだけであれば、そのような堰堤は日本中にあります。そうすると富山の本宮堰堤の技術がネパールに行ったという証明は困難になります。

石井　立山砂防で生み出された技術が国内のいろいろな砂防施設にも使われたわけですから、立山砂防に淵源のある技術が使われているということでは無理でしょうか。

五十畑　本宮堰堤の形だけを写真で見ると説得力がないかもしれませんが、どの場所に設定するかという選び方が重要です。本宮堰堤は、現在の位置以外にはないという絶妙な選び方をしていて、堰堤の形だけではわかりにくいところです。

（ⅰ）の「人間の創造的才能を表現する傑作である」は、構造本体として「方格枠」で非常に巧みにつくられていることと、規模が大きいことが該当します。ただ、堰堤は変化してきたし、これからも変化していく。場合によっては新しい材料を入れなければならないし、右岸側は全体が崩れないようにアンカーを打ち込んでいる。つまり、常に手入れをしていかなければならないので、あまり構成資産を広げてしまうとオリジナルなものがなくならないでしょうか。

松浦　（ⅰ）にするには構成資産を絞った方がいいと言いましたが、（ⅳ）を考えると、絞りすぎて全体のシステムが壊れることは避けなければならない。

五十畑　土木施設は一度つくったあとも、常に手を加えていかなければなりません。営々としたその努力に、人の働きかけとしての価値があります。例えば、本宮堰堤では副堤が壊れたので下流に動かしています。世界遺産登録の場合には、このことと真正性との関係をどう見るかという問題はないでしょうか。

西村　真正性の議論では、日干し煉瓦の建物や木道のように、少しずつ変わっていくものもあります。その時には「もの」よりも「機能」がつながっていくことでいい、という考え方もできるようになってきています。

　例えば、スペインのビルバオ近郊のビスカヤ橋という、モーターで動く運搬橋が世界遺産になっていますが、その維持のためにはモーターを新しく取り替えなければならない。替えないと橋が動かせないので機能を優先させるわけです。稼働資産と言いますが、この考え方を応用すれば、全体として土砂を溜める機能を継続させるためにこれが必要である、という論理は立てられる気がします。

五十畑　最初につくった後も常に進化していく。ずっとメンテナンスをしていかなければならないので、その努力も価値の一つであると考えたほうが理解しやすいと思います。

松浦　技術的な現実の対応という点ではその通りですが、世界遺産の登録のためには、どこかで時期を切らなければなりません。無形文化遺産は時代とともに変化してもいい。出発点が二百年前で、昨日ここをこう直したということも認められますが、世界遺産登録では、稼働資産で登録された「明治日本の産業革命遺産」が一九一〇年で切ったように、立山砂防もどこかで切らないといけない。従来のものをちょっと直したのであれば認められますが、新しくつくったものはやはりだめです。そこが世界遺産の難しいところです。

世界遺産を支える地域社会

松浦　二〇一二年一一月に、京都で、世界遺産条約採択四〇周年記念の大会が開かれました。その時に京都ビジョンを発表しましたが、その主たるテーマは「世界遺産と地域社会」でした。世界遺産に新たに登録するにあたっては、地域社会全体がしっかり盛り上げているかが重要になっています。登録されてからもその遺産を守っていくためにも、やはり地域社会が率先してしっかり取り組まなければならないというのが、京都ビジョンのポイントです。

立山砂防では、国内のこれまでの世界遺産と違い、管理や維持に地域社会の住民が直接関わることができず、行政の役割が非常に大きくなります。普通の人は構成資産の多くの部分を見ることさえできません。それでも、市民がしっかりバックアップしていかなければなりません。

石井　富山県には世界文化遺産登録を支援する「立山・黒部」ゆめクラブが八年前に設立されました。また、立山黒部を愛する会、立山砂防女性サロンの会など、県民の皆さんの有志による団体もあります。これら自主的に創立された各団体と連携協力しながら、立山砂防の世界文化遺産登録にむけて、積極的かつ粘り強く取り組んでいきたいと考えています。

第三章　立山の自然と防災観

立山連峰から富山平野へ　北アルプスの自然と人のかかわり

岩槻邦男
東京大学名誉教授

文化遺産と自然遺産

世界遺産といえば文化遺産が話題になることが多いのは、こちらの方の件数が多いせいもあるのだろうか。登録された時にだけ話題を賑わすという世情にも左右されているのだろうから、総数の多寡が目立つことになる。日本の自然遺産のこれからについては、二〇〇三年にまとめられた候補地が今でも生きていることはあまり話題に上ることがない。候補にあげられている一九の地域のうちには、北アルプスも含まれている。もちろん、立山連峰が北アルプスの主要な要素のひとつであることはあらためていうまでもない。

すぐれた世界遺産候補ではあるが、実際に世界遺産として登録されるためには、自然遺産の場合は、国際自然保護連合ＩＵＣＮの評価を受け、世界遺産委員会で採択される手続きがとられる。評価を客観化するために、世界遺産にふさわしい基準 criteria が定められており、これに合うと説明できなければ登録にはいたらない。国内で選定された候補のうち、選定基準に合いそうなものから申請に回されるのは、この種の活動にとって当然の戦略である。実際、一九候補のうち、知床半島、小笠原諸島はすでに世界自然遺産に登録され、今、南西諸島（薩南・琉球諸島）が評価にかけられている。

世界自然遺産が何かを理解するためには、この遺産の定義をたずねるのが常道であるが、その際、日本語の自然という言葉と、たとえば英語でnatureという言葉との間に多少理解のズレがあることにも注意したい。

natureに相当するオランダ語のnatuurの訳語に自然という既存の日本語があてられたのは、一七九六（寛政八）年刊行の『波留麻和解』が最初だと記録される。もともと日本語として使われていた「自然」という語は、老子の自然(じねん)を日本語に持ち込んだものだが、自ずから然り、という読みに従って、歴史的にも多様な意味で使われていた。

明治以後、natureの訳語として広く使われることもあって、自然という日本語の意味は多様に広がった。辞書の定義にあるように、人手の加わらない状態を指すはずだが、最近では二次的自然というような表現が通じるようになっており、これは人手が加わってはいるがみどり豊かな場所、というような意味で、このような表現が使われるものだから、厳密な意味での自然を表現するために、原始自然という言い方さえふつうに見られるようになった。自然という言葉は、最近では、みどり豊かなところを意味し、むしろ二次的自然を指して使われることが多いようにさえ思われる。

英語でsecondary natureという場合は、natureが性格の意味で使われるような場合で、副次的な性格、というような意味を表現する。人手が加わった自然環境をsecondary natureということがあったとしたら、日本語の二次的自然が字面だけで直訳される時くらいで、人手が加わっているがみどり豊かな場所を表現するのにnatureという字は使われないと理解する。もっとも、ある場所に存在する自然の要素、たとえば民家近くに自ずから生えてくる野生植物などを指す場合にnatureという表現を使うことは珍しくない。

世界遺産のひとつとしての自然遺産には、当然のことながら、人手が加わったところが含まれることがないのは地球規模での常識である。常願寺川の砂防ダムは人工的な施設だから、北アルプスが具体的に自然遺産の候補地として浮上することがあっても、この施設、景観が構成資産のひとつにあげられることはあり得ない。

期待されているように、常願寺川流域の砂防堰堤については文化遺産の候補として論議することになる。そこで、自然とのかかわりに関心をもつ立場の者にはこの遺産候補がどのように見えるか、若干の考察を試みてみたい。

富山県の地形と自然

富山県は自然が豊かな県だといわれる。これには二つの意味がある。ひとつの側面は、植生自然度という尺度で高位の一〇、九に相当する面積が大きい点である。これは標高が高い山岳地帯の占める範囲が広大であることに関係する。もうひとつの点は、広い面積を占める農耕地を、みどり豊かで自然度が高いと解釈するためである。ただし、この地域は、日本語でいう二次的自然に相当するが、英語でいうnatureの範疇には収まらない。

自然が豊かだといわれる背景には、富山県の地形の特殊性がある。富山県の地形の特徴を簡潔に整理してみよう。

標高の平均が六〇〇メートルを超える都道府県は日本列島では富山、岐阜、長野、群馬、山梨の五つの県に及ぶが、このうち、海に面しているのは富山県だけである。標高別の面積を比較すると、一〇〇〇メートルを超える地域は全国平均では五パーセントに充たないが、富山県では二五パーセントを超え、逆に五〇メートル以下の地域も約二〇パーセントあり、全国平均を超えている。当然、中間の高度の面積の比率は低い。

このため、傾斜別の面積を比較すると、三〇度以上の急峻な地形がきわめて多く、また、傾斜が三度以下の平坦地も全国平均を大きく上回っている。当然、三〜二〇度の緩傾斜の地域は少ない。すなわち、富山県は急峻な斜面と平地を主体に構成されているのである。

こういう地形だと、山地に降った雨が川になって流れ下る時、急な斜面を流れることになるので、当然ながら、急流がつくられる。しかも、立山連峰では、冬には二〇メートルに達する積雪をみる場所があるといい、年間雨量は五千ミリを超えると記録される。大量の雨水が、急峻な斜面を駆け下るというのがこの地に見る現実である。河川がしばしば氾濫するのは自然の摂理である。

富山平野の開拓と住民の安全

元寇と呼んだ外からの侵略に備えたあと、内輪もめの長い戦乱の時期を経て、江戸時代に入って平和が訪れると、日本列島の各地で、自藩の経済を豊かにするための新田開発が進んだ。新田というと、痩せた土地を掘り返す開墾などを想起しやすいものだが、この時代の開発は、関東平野の開拓に見るように、肥沃な土地だが低湿地で人の利用に馴染まなかった場所を、大規模な土木工事で農地化する例が多かった。全国で河川の流域の改変や治水も進められた。そのための土木技術の進歩がこの時代の開発を象徴していたのだろう。

富山平野の本格的な開拓も近世以後になって進められたらしい。利用できていなかった低湿地が、常願寺川の流域変更や治水にともなって、豊穣な美田に変貌した。もともと氾濫原で土地は肥沃である。加賀藩、富山藩は、おかげで名目の石高以上の産米を得た。

日本列島はもともと生物多様性が豊かであり、自然の産物に恵まれている。この列島に住む人たちが、争いを好まない文明を育ててきたのは、この自然の豊かさに包まれていたからだろう。もっとも、それだけならよかったのだが、三つのプレートに押し上げられるようにユーラシア大陸の東端に突出し、火山列島ともいえる地形をつくっているものだから、地震とそれにともなう津波や火山の噴火が頻発し、さらに台風や集中豪雨にもしばしば見舞われ、災害列島という側面もあり、そこに住む人たちは自然のおそろしさもまた身にしみて知らされている。人の間には平和が保たれた江戸時代にも、自然災害は頻発した。その災害に耐え、それと競合するように、日本列島の土地改良事業は進められた。

豊かさを求めた富山平野の開発も、また、自然災害と競合することになる。平時には、開拓された美田から豊かな収穫が得られる。しかし、ひとたび河川の氾濫を見れば、産物が失われるだけでなく、せっかく樹林に囲まれた幸せな住いを営んでいても、一瞬のうちに押し流されてすべてを失ってしまう。財産だけでなく、大規模の自然災害では人命が顧慮されることもない。

そういえば、常願寺川は三千メートルの立山から富山平野に向けて、五六キロの流域が標高差三千メートルを一気に駆け抜ける。流域に滝をはさまないというより、立山カルデラから富山平野に向けての滝のような流れである。川に並行するトロッコは、何度もスイッチバックしながら一挙に高度を上げるのだが、いったんはずいぶん下に見えるようになる川が、少し先ではまたトロッコと同じ高さになることが、この川の流れの急峻さを示している。

しかも、積雪二〇メートルの上に、立山天狗平では七〜九月の三か月だけで降水量は千五百ミリ以上と記録される。急峻な河川に大量の水というのだから、少しでも均衡が崩れるとおそろしい結果を招くことは火を見るより明らかである。

豊かさを求めて富山平野を開発し、たくさんの人々の生活をそこに成り立たせようとすれば、常願寺川など諸河川の治水に意を注ぐことになるのは必然である。旧加賀藩の版図を石川県としていたのを、富山平野の治水が無視されるのに抗して、富山県が分県された。分県された富山県では土木工事に力が注がれ、一八八三（明治一六）年には県の歳入三八万円のうち、その三二パーセントが土木費で占められていたという。事業はやがて国に引き継がれるが、今でも年に億で二桁の経費が注がれる。

どのような治水工事が進められ、つくられた堰堤がどのような景観を描き出しているかはこの小文で述べる課題ではない。ここでは、その工事の必然性と科学的背景、それに創り出された景観について簡単に触れておこう。

富山平野に営まれる平和な生活。近世以後につくられた景観で、人家は樹林に覆われ、特異な景色がひろがる

豊かさと安全を担保する

人が育てた技術を駆使するようになって、自然の資源を利用するだけでなく、必要とする資源の安定供給を求めるようになった。農耕牧畜のための自然の改変は、自然に加える大規模な人為の最初の行為だった。それ以後、科学の進歩に応じて、科学の裏打ちのある効率的な技術の開発が、自然に対する人為の圧迫の度合いを高め、豊かで安全な暮らしへの希求が、逆に、地球環境を劣化させてきた事実は歴史に見るとおりである。

日本列島でも、自然と共生する生き方が歴史を通じて生きていたものの、開発が加速される明治以後に、物質・エネルギー志向の西欧風の生き方に倣って、馴染んでいた自然を征服してより多くの富を摂取しようとしてきた。豊かさを求め、それでいて安全を確保しようとしたさまざまな取り組みが活発に推進されてきたが、その過程で、技術のあやまった適用による踏み外しがあったことも現代史に顕著に見るとおりである。

富山平野で豊かな生産を確保し、そこに住む人々の安全を担保するためには、災害にはびくともしない防災の体制が組まれることが最低限の課題である。明治時代の富山県は全予算の三分の一を使ってでも、防災のための取り組みをするという気概を示していた。実際、常願寺川をはじめ、諸河川の治水等には万全の体制がとられ、異常気象の際にも災害を最低限に抑える努力が続けられている。

ただし、残念ながら、被害をゼロに抑えることはできていないし、今後どれだけの害を被ることになるか、正確な予測はできない。災害の頻発する開発途上国などでは、災害を軽減するだけの施設の建造をするよりも、災害時の避難設備を整え、最低限の人命の損傷などに備えることで当面の防災効果をあげるところさえある。しかし、富山平野にその方策は適用できない。もっとも、堰堤で土砂を防ぐだけで防災が完璧でないというのなら、他の対策も付加的に考えられる余地もあるのだろうが。

自然を改変するほどの技術はそのほとんどが科学に裏打ちされたものであるが、災害対応についていえば、災害の将来予測が完全にできない上に、程度のわからない災害にあらかじめどれだけの対策をしておけば安全が確保できるか、見通しを立てる科学的根拠は得られない。堰堤の在り方に限っても、水の流量や、それにともなって流れてくる土砂に対して、どれだけを堰堤にとどめ、どれだけを下流に放流していいものか、正しい値を現在の科学は知らない。河川の状態を一律に客観化することは不可能だし、河川の形態、それに加わる自然の圧迫の質や量には、個々の河川に特有の個性があり、それぞれの河川にふさわしい対策を必要とする。

科学の進歩にともなって、自然の改変を迫るほどの技術は、科学の裏付けをもったものになっている。しかし、環境対策の諸々の行為は、厳密に科学的な根拠にもとづいて行われているわけではなく、ほとんどの場合、経験にもとづいた行為が試行錯誤的に進められる。土木工事はその典型だろう。使用する機器や工事用の資材などには科学の成果が最大限に活用されるが、残念ながら、自然の実体についての科学の知見にはまだまだ不足、欠落が多く、経験にもとづいて安全と判断した対策が試行的に進められることになる。だから、災害対策には、いつでも逃げ道の確保も必要であると知っておきたい。

安全については常に完全であることが期待される。高額の経費を投入した事業だとなおさらに、これこそ完全な対策と訴えられはするものの、百パーセント安全と確約されるものはない。実際にはモニターすることによって何かが起こった際には補正などの対策がとられることになる。完全な対策がとれるように、基盤的な調査研究の推進が期待されるが、自然の実体やそれがもたらす現象に関する科学の知見は、今でもはなはだ不完全であることを知らなければならない。

住民の安全と文化遺産

富山平野では自然の恵みを満喫する豊かな生活が営まれる。富山の人々は、幸せの度合いでいえば、日本人の平均より高い暮らしを営んでいるといわれる。その生活には、常願寺川をはじめとする河川の治水が大切な効果を発揮している。特異な自然に対応するこの治水工事、とりわけすぐれた効果を発揮している砂防堰堤は、富山平野に住む人々の安全を確保するため重要な働きをしているだけでなく、自然にとけ込む新しい景観を生み出してもいる。これこそ、自然と馴染み合って生きる近代的な技術の粋を示すものではないか、と提起されているのが、世界文化遺産への登録である。

二次的な自然とか、みどりの創成などという表現は、私はあまり好きではない。しかし、人が文明開化をとげて暮らすためには、自然と馴染み合うことは不可欠の行為と理解する。自然を手つかずの状態にしたままで文明を展開する人間生活があり得るとは考えられないからである。人を抹殺するのでなければ、自然の反対語である人為を皆無にすることはできない。人為が及ぶ以上、自然破壊は必然である。だとすれば、破壊と呼ばれるほど一方的なものにせず、自然に加える営為を、人と自然が馴染み合う範囲にとどめ、人と自然の共生を意図するのが、知的な判断力を備えるようになった人のとるべき行動だろう。

絨毯的に森林を伐開して開発と呼ぶような愚は避けようというのが、知的な活動によって科学を発展させた人知が教えてくれることである。科学の力を、自然の一方的な破壊にむけて活用するのではなくて、遠い将来までを見通しながら、自然との共生を図る手段として使いながら。

常願寺川の砂防堰堤は、立山カルデラから常願寺川に流れ出るところに特殊な景観を描き出している。この景観を見る人が得る感動は人によってさまざまだろう。そこからの短い急流の間に、何段かの堰堤が築かれている（次頁の写真）。現在工事中の堰堤もある。この作業は、カルデラなどに蓄積されており、毎日のように流れ出る土砂のことを考えると、これからもずっと続けることになるのだろう。やがて、百年を経過する堰堤の間に、新たな建設が見られる景観も、とめどもなく描き出されることだろう。この砂防堰堤は、これまでに一定の成果をあげ、富山平野を護る歴史を描き出した施設であるが、同時に、今なお進行中の事業でもある。

そんな将来像を画いていると、遺産とは何かと考える。もちろん、遺産は歴史的な遺物と違って、現に利用され得るものを指す。産業遺産などではその意味は明確である。常願寺川の砂防堰堤も、歴史的な意義を明示しながら、現に利用され、将来に向かって有効に機能することが期待される。ここまで積み上げてこられた事業の成果が、さらに未来に向けて発展的に受け継がれることが期待される遺産といえるものだろう。

世界遺産は日本のメディアでは大きく取り上げられる。そこを狙ってか、観光客誘致のために、世界遺産を目指す動きも活発である。一方で、世界遺産はユネスコの名がもっとも広く知られる活動のひとつである。そこで、ここでは、ユネスコとは何かの原点を思い出しておこう。憲章の前文では、

政府の政治的及び経済的取極のみに基く平和は、世界の諸人民の、一致した、しかも永続する誠実な支持を確保できる平和ではない。よって平和は、失われないためには、人類の知的及び精神的連帯の上に築かなければならない。

と判断し、だから、

常願寺川の砂防堰堤。古いものはつくられて100年になるが、丁寧な管理が続けられており、さらに今も新設工事（下）が続いている

世界の諸人民の教育、科学及び文化上の関係を通じて、国際連合の設立の目的であり、且つその憲章が宣言している国際平和と人類の共通の福祉という目的を促進するために、ここに国際連合教育科学文化機関を創設する。

と宣言している。世界遺産はそのユネスコが推進する主要な活動のひとつである。

常願寺川の砂防堰堤は、世界遺産に登録されたとしても、観光客の急増が期待されるものではない。それにもかかわらず、富山県が登録に向けて力を入れているのは、この施設が世界に誇るものであることを強調したいからであると聞く。残念ながら、わたしたちがたまたま触れた県民からは、世界遺産登録に向けた動きを知らないという反応が示された。世界遺産の登録は、登録することに意義があるのではなくて、登録に向けて地域の人たちがその遺産の価値を見直すことに意味があり、登録されればその責任に応じて遺産の維持管理に力を注ぐことに効果があるはずである。

念のために思い出しておくと、立山連峰は中部山岳国立公園の一部であり、山域は特別保護地区となっており、称名滝(しょうみょう)【一一六頁写真】と山崎渓谷は国の天然記念物に指定されている。国際的には、弥陀ヶ原と大日平がラムサール条約湿地に選ばれているし、ユネスコとの広義のかかわりについていえば、立山黒部ジオパークが日本ジオパークに登録されている。

世界遺産登録に向けての動きにかかわりをもった活動の一環で、遺産候補の一部を見ながら、世界遺産の原点にも思いを致したことである。

人間の労働と文化遺産

五十嵐敬喜

日本景観学会会長

はじめに

常願寺川の源流、立山カルデラ崩壊のすさまじさを描いた文学作品に幸田文の『崩れ』(講談社文庫、一九九四年)がある。日本中の崩壊箇所を(おぶわれて)見て回った幸田は言う。

「大谷崩れ、由比、大崩れ、男体山の薙とみてきて、崩壊はそれぞれに原因も異なるし、崩れぶりも違うし、崩れた後の風趣も同じではないといったが、立山のこのカルデラの崩壊は、これはまた別格のものである。(中略)ここはぐるりとどちらこちらもない。どこもかしこもの崩れである。岩石の多さを見ても、恐れを感じる虚弱な私の精神からは、これはみだす景色であり、ただもう腑抜けででもあるような、只然唖然として、とりとめもない目を移しながら、体を休めていた。(中略)見た一瞬、これが崩壊というものの本源的な姿かな、と動じた」

いくつかの構成資産とシステムからなる立山砂防堰堤は、「土石流の奔流」という形で、予期せぬ時にしばしば「本源的な姿」を見せる「自然」に対する、長い間の、特に明治以降の「近代日本人」の苦闘と愛の物語の歴然たる証拠物であった【註1】。

砂防堰堤と治水ダム

白岩堰堤、本宮堰堤、泥谷堰堤群、そしてトロッコや被災者の慰霊碑などとその文脈は、まぎれもなく、自然と人工物が複合して創りだした「文化景観」を誇り、ある種の深い感動を与えている。本稿ではそれを前提に、さらにその価値を現代的な角度から検証し、「普遍的価値」を考えてみようというものであるが、残念ながら、砂防堰堤（もっぱら砂防を目的とする。一五メートル以上の高さのものをダムという）はほとんどが山奥にあり、しかも小規模なものが多い。そのため災害時の一時を除いて、人々の目に触れることが少なく、問題が大きく取り上げられることもほとんどなかった。

そこで、このような砂防堰堤と並んで川の脅威から人々の安全・安心を守ってきた治水ダム（ダムには治水以外に、農業・鉱業・都市など用水の確保、発電など複合的な機能を持つものが多い）と比較しながら、その価値の変遷を見ていきたい。砂防堰堤も治水ダムも森林保護とともに河川を守るという意味で同じ目的を持ち、砂防堰堤と治水ダムは川に直接人工施設を設けるという点で共通性を持つ。

さて、古来から、治水や治山事業はそのもととなる森林保護と併せて、時の権力者にとって、非常時の戦争とともに、日常時の最大の政策課題であった。山や川を治め、人民を災害から守る権力者は「名君」とされたのであり、この富山県でもそれは例外ではない。しかし明治期・近代に入り、その事業には大きな変革が訪れた。一つは、その技術が江戸期の山腹工法や将棋頭、高岩といった工法から「近代砂防技術」に変更されたこと。もう一つは、これと並行的にもともと各藩の管轄とされていた河川を国と自治体に配置換えする「砂防法」が作られたことである。

表1：砂防設備工種別総括（「砂防便覧」2014年版より）

	堰堤（基）	床固工（基）	流路工（m）	山腹工（ha）	護岸工（m）
国直轄	4,220	1,624	188,151	2,124,084	227,849
都道府県分	57,555	28,365	9,085,478	7,863,247	2,234,880
合計	61,775	29,989	9,273,629	9,987,331	2,462,749

註：平成25年3月31日現在（平成24年度末）

この近代的な技術と制度は、砂防の神様と言われる赤木正雄【註2】の登場によってゆるぎないものとなる。特に戦後は、高度経済成長によって、堰堤建設は飛躍的に拡大していく。

日本には、土石流危険とされる渓流が一八三八六三本ある（二〇〇三年）。この渓流に対して堰堤は、明治以来一〇〇年間営々として、しかも最近は、年間数千億円といわれる巨額な費用が投入されて作られてきた。その内訳を見ると、表1のように「堰堤は国直轄、都道府県分を入れると六一七五五、床固工、二九九八九、流路工九二七三六二九メートル、山腹工、九九八七三三一、護岸工二四六二七四九メートル」という膨大な数（距離）とされる。立山砂防堰堤は、このような全国の砂防堰堤の中でも、堰堤の高さ、工事の困難さとハイレベルな技術、さらには水系全体での全体的なシステムでの完成度などの観点から見て、群を抜いてトップ水準となっている（白岩堰堤は国の重要文化財に指定されている）。

同じように、治水ダムも明治以来、砂防堰堤と同じように近代技術の導入と近代法が制定された。戦後、伊勢湾台風などの大洪水や、急速な電源開発の要請などもあって、現在、財団法人日本ダム協会の調べによると二八九二のダムがつくられている（完成二六九九、施行中一九三）。ここでは、この数字に見られるように、日本では今や全国の渓流、一級河川、二級河川の中で砂防・治水ダムがないという川はほとんどないと言われるくらいになっていることを強調しておきたい。

価値の再検討

治水ダムの恩恵は極めてストレートである。それは第一に、洪水から人々を守り、農業、工業あるいは都市生活に必要な水あるいは電力を供給する。第二にその事業は経済を活性化させ、さらには地域住民の雇用を生み、その波及効果も大きい、というのであった。砂防堰堤も土砂災害から人々の危険を守るというものであり、これに対して異論や不必要論を言う人はいない。しかし、それが量的にも質的にも拡大するにつれ、一九九〇年代になって様々な弊害が指摘されるようになってきた。まず治水ダムから見てみよう。

1 ダムによって居住地区が水没する人々に対して、故郷を捨てて移転を強制するという多大な被害を与える。

2 水を堰き止めることによって、漁業にダイレクトな被害（魚が遡上できない）を与えるほか、森林、河川、海の自然な生態系に多大なダメージを与える。

3 ダムによって土砂（倒木）の流出が妨げられるので、日本の海岸・河口部では砂浜が消失し、波消しブロックの乱立を招いている。

4 ダム事業には巨大な利権が発生する。いわゆる「政・官・財」（これに自治体や学もプラスされる）のスキャンダル（汚職）のニュースが絶えることがない。

5 当初、治水ダムは、三〇年ないし五〇年に一回の洪水に対応するとされていたが、その目標がクリアされると、これが徐々に一〇〇年から一五〇年に引き上げられ、さらには二〇〇年に一度の洪水に対応するというようなスーパー堤防（高規格堤防）まで生まれるようになった（これは完成するまでになんと四〇〇年もかかるという）。つまり事業は自己目的化し際限なく継続される。

6 ダムを含めて日本の公共事業は世界でも突出して巨額であり、これが日本財政の大きな負担となってきた。これらは、いわばダムを巡る自然環境や社会環境の問題であるが、以下はダムそのものの効用にかかわっている。

7　治水ダムは想定水量を超えると、治水どころか反対に一挙にあふれるという危険がある。

8　気象学や情報の発展により洪水などの危険は極めて速く探知・周知できるようになっていて避難が容易になってきている。またダムによる治水以外に、森林保護、河床の掘削、堤防の強化、遊水池の設置（総合治水）などにより、危険はかなり緩和できる。

9　少子・高齢化の到来により、危険地域以外での居住も可能になり、また利水も減少していく。

などというものである。これが川辺川、長良川、吉野川などで住民が反対運動に立ち上がり、訴訟、住民投票などと「激化」していった理由である。例の民主党政権時での「八ツ場ダム中止宣言」（ただしその後工事は続行された）は、その結晶であったとみることができよう。注意しなければならないのは、このような治水ダムに対する危険信号は、実は日本だけでなく世界中で発信されており、これが日本と相互に共鳴し、今や世界的な動向・潮流となっているということである。

ダムはアメリカが本家であり、とりわけ日本人にはルーズベルト大統領のニューディール政策の一環として建設された「フーバーダム」（一九三一～三六年）が有名であった。これはケインズ学の「財政投資」の実践であり、治水、灌漑事業、電力発電に寄与するだけでなく、当時不況にあえぐ労働者に対して雇用を与え、経済の活性化に絶大な効果があったと評価され、やがてアメリカ全土で展開されていった。

しかし、一九九三年のミシシッピー川の氾濫、ヨーロッパでは一九九五年のライン川の洪水（いずれも治水に失敗）などが契機となり、先に見た日本と同じような疑問が一斉に吹き出すようになってきたのである。そしてこのような議論に決着をつけたのが、クリントン政権時代のダニエル・P・ビアード（当時米国内務省開墾局総裁）であった。

彼は一九九五年二月一五日、日本弁護士連合会が開催した講演会の中で「合衆国におけるダム建設の時代は終わった」と宣言し、さらに翌一九九六年、長良川河口堰の建設に対して反対する市民たちが開催した「九六国際ダムサミットイン長良川」において「アメリカではダムの建設中止から、さらに一歩進めて「撤去」の時代に入った」ことを明確にしたのである。そして彼は、このような真逆の政策転換がなぜ行われたかについて述べ（長良川での講演を収録した天野礼子編『二一世紀の河川思想』共同通信社、一九九七年）【註3】、政策転換の必然性を次のように総括した。

1　水資源についての国民の需要は、かつての農業・鉱業・都市用水需要から、魚類、野生生物、観

フーバーダムとコロラド川（アリゾナ州とネバダ州の州境）
Photo by Andrew Zarivny

光などに変化している。

2　ダム事業に支出できる公的資金はもはや十分ではない。

3　先住民族や環境保護を主張する人々の声（土壌の変化、漁場の衰退、湿地の消滅、先住民族の文化の破壊、農業を原因とする汚染、貯水池の堆砂、ダムの安全性に対する危険）を無視できず、生物種の保護、水質汚染問題の解決、湿地保全の法律が強化されている。

4　水問題解決の代替案を対等の立場で議論するプロセスが求められている。

特に最後の「水とは、ただ蛇口から出てきたり、トイレに流したりする商品ではない。すべての生命を守りつつ、全世界の多くの人々の要求に応じなければならない。そのうえで私たちがとる行動、そして選択する解決方法は、目先の要求を超えた深い意味を抱く」という結論はまことに印象深いものであった。

河川法改正と砂防法

このような内外の反対運動の高まりは、当時の建設省にも決定的な影響を与えた。一九九六年の建設省（当時）河川審議会「二一世紀の社会を展望した河川整備の基本的方向について」は、政府内で「政策転換」を促した最初のものであった。「人口の増加、産業の発展、社会の流域の変化と度重なる洪水や渇水の発生に対し、治水事業や水資源開発が緊急かつ効率的に推進した結果、環境への配慮が不足した面があることは否めない。今後流域の環境、とりわけ健全な水循環系や生態系の在り方を踏まえ、治水・利水と環境を共にめざし河川整備を一層強める必要がある」。「近代治水の歴史は、明治以降では近代国家を形成し、国力の増強を図る過程において、また戦後では、経済・社会の復興およびその後の高度成長と国民の生活水準の向上を図っていくうえで生じたそれぞれの問題について解決を図ってきたが、今日においても、治水、利水、環境の各側面において、従来の問題に加えて新たな問題が生じている」という答申はまことにその核心をつくものであった。

それまで頑強に住民運動に敵対してきた建設省も、これを受けて一九六四（昭和四九）年に三〇年ぶりに河川法を改正することにしたのである（一九七七年）。その要点は、「治水・利水」にプラスして「河川環境の整備と保全」を入れること、および「河川整備計画」の策定に「地域の意見を反映する」という規定を導入した点にある。この改正により、例えば淀川水系のダム建設について、有識者と住民からなる「淀川水系流域委員会」が設置され、数年にわたり活発な議論を行い「ダムは原則建設しない」と提言したこと、熊本県荒瀬ダムで二〇一〇年から従来の水力発電ダムを撤去し始めたことなどは、旧来の河川法体制では考えもつかないような、改正河川法の多大で直接的な効果といえるであろう。

しかし、一方の砂防法は河川法（明治二九年）、森林法（明治三〇年）と同じく、河川三法として出発したはずなのに、また河川法と森林法は、戦後、明治憲法から昭和憲法への転換に伴い新法に改められたにもかかわらず（さらに河川法は上のように今回、大改革が実施された）、なぜか本体が明治三〇年来、一二〇年間そのままずっと継続してきたことは驚くべきことである（細かな修正は何十回も行われている）。砂防分野では、法律に対して大きな影響を与える災害・事件・運動などがなかったというのか、あるいは現代の技術・運用にとってもさほど支障がないと考えられているのか、とにかく一二〇年も継続しているという、いわば世ばなれした法律となっているのである。

なお、念のために言えば、砂防法はそのままであるが、その周辺でハード対策としての地滑り対策法、急傾斜地法、ソフト対策として土砂災害法が制定されていること、環境基本法との関連で「渓流環境整備計画」が制・策定され、この点では砂防法も「時代」とともにあることは付記しておくが、それでも法制上の「住民参加」は決定的に立ち遅れていることは否めないだろう。

世界遺産としての立山砂防の価値とは

常願寺川の砂防堰堤は、日本でも最も危険な川として近代以前から営々としてその対策が講じられてきている。大事業のきっかけとなったのは、よく知られているように、一八五八（安政五）年の飛越地震が引き起こした大崩壊による「死者一四〇名、負傷者九千名」という大災害であった。これを契機に、事業主体が県営事業から、国の直轄砂防事業に移管され、次々と、白岩堰堤、本宮堰堤、泥谷堰堤群などが作られてきた。この事業に対して、富山県自らの問題提起や努力によって「世界遺産候補」とされ、内外のユネスコ関係者、土木技術者、河川工学者、あるいは政府関係者や市民などから

過酷な自然の脅威に対する人類の英知による対応
土木工学的に傑出した技術
技術の世界的な交流と影響
良好な保存状態

として、極めて高い評価が与えられるようになった【註4】。

内外あるいは専門性を問わず、「現地」は、その価値を、無言で強烈にアピールしているのである。

しかし、これまで見てきたような治水ダムの価値の転換に即して言えば、この立山砂防堰堤にも問題

がないわけではない。それは、「立山カルデラ内には、現在も多量の土砂が不安定なまま残っている。そのため、立山砂防の要である白岩砂防堰堤の保全をはじめ、土砂の生産源の工事を行っている。中流域においても上流域からの流出土砂の調節、河床・渓岸からの土砂生産の抑制を図る整備をしている」と言われていることである（富山県「立山砂防の世界的評価に関する技術調査報告書」二〇一四年）。

一般的に、コンクリートの寿命は七〇年から一〇〇年と言われ、その限りで人工の工作物の維持管理はいわばエンドレスである。また「整備率一〇〇％」を目指せば、ここは現在時点で整備率五〇％強程度となっていて、これまでの倍近くの追加工事が不可避となる。双方の意味で工事はエンドレスなのである。ちなみに国土交通省の「土砂災害危険個所の整備状況」（二〇〇九年度）によると、土石流危険渓流では約二二％（地すべり危険個所約二三％、急傾斜地崩壊危険個所約二六％）の完成率にとどまっていることに留意しておきたい。立山砂防堰堤も、その先、時間や費用がどの程度かかるのか、またその効用がどうなるか定かではないのである。

ちなみのその効用について見てみよう。「常願寺川の水害頻度」（富山県）によると、本書一二三頁のグラフのように、水害頻度は例の一八五八（安政五）年の安政の大地震以来一九六〇年代まで、江戸時代よりはるかに高まっているのである。さらに富山県作成のハザードマップを見ても、いまだに広範囲に災害危険地域が指定されている。これまでの砂防作業が危険度をかなり減少したことは疑いがないだろうが、ではどの程度かというとあまり確定的な回答がなく、未来予測もかなり不確実ではないか、と懸念されるのである。

治水ダムについて、私が先に見た様々な批判以上に、「致命傷」と考えているのは、ダムが土砂や倒木で全部埋まってしまった場合の処置をどうするかということである。単純に言えばそれらをダムから排水していけばよいのであるが、実はこれができない。

表2：「技術資産として抽出される世界文化遺産」（富山県「立山砂防の世界的評価に関する技術調査報告書」）

No.	資産名称	国名	登録年	（ i ）	（ ii ）	（ iii ）	（ iv ）	（ v ）	（ vi ）
1	スホクラントとその周辺	オランダ	1995			●		●	
2	アムステルダムの防塞線	オランダ	1996		●		●	●	
3	キンデルダイク＝エルスハウトの風車網	オランダ	1997	●	●		●		
4	Ir. D. F. ヴァウダヘマール（D. F. ヴァウダ蒸気水揚げポンプ場）	オランダ	1998	●	●		●		
5	ドゥローフマーケライ・デ・ベームステル（ベームステル干拓地）	オランダ	1999	●	●		●		
6	青城山と都江堰水利施設	中国	2000		●		●		●
7	アフラージュ、オマーンの灌漑システム	オマーン	2006					●	
8	シューシュタルの歴史的水利施設	イラン	2009	●	●			●	
9	グラン・プレの景観	カナダ	2012					●	●
10	バリ州の文化景観：トリ・ヒタ・カラナ哲学に基づくスバック灌漑システム	インドネシア	2012			●		●	●

と言うのも、これら堆砂物は「ヘドロ」になっていて、海への放流は海の死滅につながるからであり、現にこの問題が訴訟で争われている。その意味でこれは「最終処分場を持たない原子力発電」（最大・最強の産業廃棄物とも言われている）と同じと言えよう。砂防堰堤も必ずしもその速度は同じとは言えないが、仮に土砂で埋まってしまった場合、その効用は著しく減退し、無効化（土砂などを緩やかに流すということはあるかもしれない）するのではないか。

おわりに

二〇世紀後半から二一世紀初頭にかけてダムを巡る価値観は一変した。グローバルに言えば、自然と闘うには限界があるということであり、これは人間と自然を厳格に分ける西洋近代哲学の限界、ポストモダーンの登場、また東洋哲学の自然と人間の一体化の復活というように、思想界を含めてあらゆる分野で議論されていて、ダム・堰堤も、そしてそもそもの世界遺産もこのような大きな潮流の中にあると見なければならない。

そこで改めてそのような観点から見ると、ここにも「近代化批判の波」が押し寄せてきているのである。それにもかかわらず立山堰堤には、多くの人が認めるように何か不思議な魅力がある。それはコンクリートでがちがちに固められた「巨大ダム」とは明らかに異なった異質な感慨である。巨大ダムにはまずその大きさに驚かされ、技術の高度化に感嘆することはあるが、それは決して深いところで何度も何度も人の心を揺さぶるような力は持っていない。

冒頭に、立山堰堤は「人と自然」が共存して作り出した傑出した「文化的景観」という視点を紹介したが、ここには自然と「対峙」するだけでなく「融合」あるいは「馴染み」を作り出している何かがある。白岩堰堤は、重力式コンクリートの堰堤と方格枠・護岸が高いレベルで一体的な構造となっていた。

砂漠の中の伝統的な灌漑運河（アフラージュ）、オマーン Photo by David Steele

シューシュタルの歴史的水利施設、イラン Photo by Valery Shanin

泥谷堰堤群は、伝統的な山腹工法と階段式堰堤群が組み合わされ作られている。そこには巨大コンクリートダムには見られない人間が存在している【註5】。山を怒らせず、山に鎮まってもらう。そのために、少しだけ人々の知恵を付加していく。それが白岩堰堤、本宮堰堤、泥谷堰堤群にはっきりと見え、それが人々に感動を与えるのではないか。

これは私だけの感傷ではない。実際、これまで世界遺産に登録された水管理システム（大きくは農業・産業・技術資産のうち技術資産の中に入る）の中の、表2の「ダムや堰堤」を見てみると、全一〇件はすべて、①スホクラントとその周辺（先史）、②アムステルダムの防塞線（一九世紀）、③キンデルダイク＝エルスハウトの風車網（一六世紀）、④ヴァウダヘマール（一九二〇年）、⑤ドゥローフマーケライ・デ・ベームステル干拓地（一七世紀）、⑥青城山と都江堰水利施設（紀元前）、⑦アフラージュ、オマーンの灌漑システム（紀元前）、⑧シューシュタルの歴史的水利施設（三世紀）、⑨グラン・プレの景観（一七世紀）、⑩バリ州の文化景観（九世紀）となっていて、すべて「近代以前」の遺産であったことを強調したいのである。

それらは機能も形態も、もちろん地域も年代も異なっているが、すべて「近代以前」のものであり、したがって当然のことながらそこには人間の存在と長い間の時間をかけてゆっくりと築き上げられてきた「文化」があった。立山砂防堰堤はこの範疇で見ると世界遺産としては最も若い遺産となる。そしてそれが価値を持つのは、完全に近代技術として完成しているというよりは、近代の中に、あるいは近代と合わせてこれまでの世界遺産と同様に「人間の存在と長い間の営み」が見えるから、ということになるのではないか。その事実があらゆる近代批判を跳ね返す。文化遺産としての「普遍的価値」にはそれが「技術」であっても、「文化」の存在がなければならないというのが私の考えである。

註

1 吉友嘉久子『巨石が来た道　常願寺川の子守歌』北陸建設弘済会、一九九三年

2 矢野義男『赤木正雄の足跡　砂防の偉大な先駆者』社団法人全国治水砂防協会、二〇〇〇年

3 同書にはアメリカのダムの動向だけでなく、以下のような論者により、ヨーロッパや中国の情報が紹介されている。
フィリップ・ウィリアムズ（インターナショナル・リバーズ・ネットワーク会長）「アメリカの変革・世界の潮流」
フレッド・ピアス（英国ジャーナリスト）「世界の河川開発―現場からの報告」
戴晴（中国ジャーナリスト）「三峡ダム　暴走する世紀末の巨大開発」
鷲見一夫（新潟大学法学部教授）「国際的脈絡から眺めた河川思想の展開」

4 国際砂防フォーラム実行委員会「国際砂防フォーラム報告書」二〇一二年、富山県世界遺産登録推進事業実行委員会「立山カルデラ防災遺産　比較分析調査報告書」二〇一五年など

5 青柳正規・文化庁長官は「立山賛歌」として、「立山の自然、歴史文化を守ろうとして立山カルデラの砂防堰堤がつくられた。信仰、砂防、発電といった文化と稀有な自然の結節点が白岩砂防堰堤である」としている（世界遺産フォーラム実行委員会「世界に誇る富山の文化遺産」二〇一三年）

立山カルデラ　人と大地のドラマ

本田孝夫
立山カルデラ砂防博物館館長

太刀山峰右衛門

一八七七（明治一〇）年八月一五日、富山県婦負郡呉羽村（現在の富山市呉羽）の老本家に次男、弥次郎が誕生する。幼少の頃から体格、身体能力ともに優れ、相撲部屋から執拗に入門を勧められるが、長男の死亡など家庭の事情により固辞し続ける。遂には政界も動き、板垣退助、西郷従道を通じて警察署長や県知事などが説得にあたり、ようやく一八九九（明治三二）年に角界入門。二二歳での入門は当時としてもかなり遅かったが、持ち前の素質と努力により一九一一（明治四四）年二月横綱の免許を授与される。第二二代横綱太刀山の誕生である。

強い横綱にはしばしばあだ名がついたりする。最近では千代の富士の「ウルフ」、少し遡って、初代若乃花の「土俵の鬼」、極めつきは常陸山の「角聖」などなど。太刀山につけられたあだ名は「四五日（しじゅうごんち）」。相手を一突きで土俵際まで持って行き、後は軽く突いて土俵の外へ。一突き半（ひとつきはん、一月半、四五日）で勝つことからこのあだ名がついた。群を抜く強さで、四三連勝の後、一敗し、その後五六連勝。その一敗も勝ちを譲ったと本人が言ったとか言わなかったとか。本当なら大問題だが、そう思わせるような強さであったらしい。ともかく一〇〇連勝も可能なえげつない強さで、全力相撲で相手をしばしば負傷させ、その後最後の突きを半分ほどの力にセーブする自分の型を完成させる。あだ名の由来である。

老本弥次郎青年につけられた四股名「太刀山」は、日本三霊山の一つ富山の名山「立山」の古称である。富山県民が立山に寄せる思いを考えると、その期待がいかに大きかったかが解るが、よく精進し四股名に恥じない大横綱となる。

横綱太刀山、富山市郷土博物館蔵

多知夜麻

横綱太刀山の四股名の由来となった立山が文献に登場する最初は万葉集である。「多知夜麻」と記され、古くは「たちやま」と呼ばれていたようである。語の意味は諸説あるが、定かではない。現在でも富山湾から眺望できる立山連峰はまさにそびえ「立つ山」であり、太刀のように鋭い「太刀山」である。天平時代、越中守大伴家持は、その偉容にうたれ、神が住む山と詠んだ。

立山

立山は古来、現在の立山連峰を含む三〇〇〇メートル級の山々の総称として、あるいはもっと広い範囲の、高い山々を指して称されていたようだが、立山信仰が確立されていく過程で現在の立山に収斂されていく。とは言え、立山の明確な定義は現在でもないが、一般的には雄山（三〇〇三メートル）、大汝山（三〇一五メートル）、富士の折立（二九九九メートル）の三つの峰を立山と呼ぶ。また、狭義には雄山のみを言うこともある。

ちなみに、立山連峰は飛騨山脈（北アルプス）の北部、立山を中心として、最も広義には僧ヶ岳から黒部五郎岳あたりまでを指すこともある。

立山の特徴はなんと言っても、年間降水量（冬場の降雪を含む）の圧倒的な多さである。日本の平均的な降水量は年間一七〇〇〜一八〇〇ミリメートルだが、立山のそれは平均六〇〇〇ミリメートル超で、世界最大級である。厳冬期の積雪は人を寄せつけない凄まじい量で、この積雪量も世界最大級である。

この厳冬の立山越えを敢行した戦国武将がいる。織田信長の重臣、佐々成政である。

富山湾から見た立山

雪の大谷

富山市内から立山を望む

佐々成政

佐々成政は一五三六（天文五）年に尾張で生まれ、一五四九（天文一八）年に織田信長の小姓となる。数々の武功を打ち立て、一五八〇（天正八）年に越中入国、翌一五八一（天正九）年に信長より越中新川、越中礪波（となみ）の二郡（三六万石）を与えられる。これをきっかけとして、以後、一五八七（天正一五）年に豊臣秀吉から肥後国主を任ぜられるまで越中を治めることとなる。その善政は、歪められて伝えられた時代を経てなお、県内各地に偉業を忍ぶ伝説として今でも残されている。

信長の急死によって秀吉と対立することになった成政が、尾張の徳川家康に会見するために冬の立山を一五八四（天正一二）年の暮れに越えた。これが「成政のさらさら越え」である。この時のルート

古川雪嶺筆「佐々陸奥守成政之像」法園寺所蔵模写、昭和年代、富山市郷土博物館蔵

ザラ峠

は諸説あり、伝説にすぎないと言う人もいるが、ともあれ通説では、芦峅寺（あしくらじ）から立山カルデラの中の立山温泉経由で、ザラ峠を通り北アルプスを越え、信州野口村大出（現在の大町市）に出るルートと言われている。古くからの塩の道ルートである。現代のような冬山登山の装備もない時代に、よくぞと思われるが、敵に囲まれ止むにやまれず決死の覚悟をもって敢行されたのだろう。

立山温泉見取り図

立山温泉

立山温泉

この時成政が一泊した立山温泉は立山カルデラの中にあった。古くから地元民や山麓の狩人などが利用していたようだが、史家の記録は一五八〇（天正八）年が最も古い。成政は一五八四（天正一二）

年にザラ峠を越える際、好天待ちで宿泊したとある。

温泉は盛衰を重ね存続していくが、一八五八（安政五）年の安政の飛越大地震の際、史上最大級の巨大崩壊により、三〇数名の宿泊客とともに土砂の中に埋没して、終焉する。

しかし名湯を惜しむ声が強く、一八六九（明治二）年、地元の有力者により温泉と道路が再興される。その後、湯治客や工事関係者などで賑わいを見せるが、一九六九（昭和四四）年の所謂「四四災」で道路が寸断され、またアルペンルートの開通もあって一九七三（昭和四八）年に惜しまれつつ廃湯された。

立山カルデラ

立山は、別山、浄土山を加えて立山三山と言われるが、これらは花崗岩や花崗閃緑岩で構成され、地下深部の冷え固まったマグマが一〇〇～四〇〇万年前頃から隆起し始めて形成された山である。したがって立山三山は火山ではない。ところが立山火山という紛らわしい表現のため火山だと誤解する人も多く、最近では弥陀ヶ原火山という表現が使われるようになっている。

この弥陀ヶ原火山は、最盛期には今の立山より高い火山が、立山カルデラを中心とするあたりに存在し、噴火口を移動しながら激しく噴火を繰り返していたと言われている。

今から数万年前に激しく噴火し、噴火が収まった後、さらに雨水の侵食を受け、長い年月をかけ大きな窪地を形成する。これが立山カルデラである。カルデラとはポルトガル語で「大鍋」の意である。

立山カルデラ

昇平堂寿楽斎（滝川海寿一瓢）著『地水見聞録』より
「洪水被害の絵図」（富山県立図書館蔵）

跡津川断層の露頭

トンビドロ

この立山カルデラの中を通っているA級の活断層である跡津川断層が、一八五八年四月九日（安政五年二月二六日）、突如として動き大地震を引き起こす。安政の飛越大地震である。

もともと、火山性の変質作用を受けてもろい地質のカルデラ内では、大鳶山、小鳶山が、その山体の原型をとどめぬほどの大崩壊を引き起こし、川を堰き止めた。「越中立山大鳶崩れ」である。この時の崩れ落ちた土砂の量は、最大四億立方メートルと推定されている。

堰き止められた川水はその水かさを徐々に増して行き、四月二三日（旧暦三月一〇日）についに決壊し、下流の富山平野に土石流として流れ下った。さらに六月七日（旧暦四月二六日）には再び土石流が発生し、下流の村々に多大な損害を与えた。この二回目の被害は判っているだけで溺死者一三五名、田畑の被害は二万石をはるかに上回ったという。富山史上最大の洪水災害である。

このとき流れて積もった土砂を、土地の人々は畏怖の念を込めてトンビドロ（鳶泥）と呼んだ。トンビドロはかなり最近まで、田圃や畑を耕すとそれらしい泥が出てきており、お年寄りの自慢とともにれる講釈を聞かされることになる。立山カルデラ内には、現在でも二億立方メートルものトンビドロが存在すると言われている。

オパール

立山カルデラには宝石が産出する。正確に言えば、産出していた。

宝石と言えば、ダイヤモンド、次にルビーとサファイヤ、これらにエメラルドを加えて四大宝石と呼ぶらしいが、市場でも珍重され高価で取引される。

さて、カルデラの宝石であるが、残念ながら四大宝石ではない、それでもオパールである。立山カルデラ内には今でも噴泉や温泉が存在する。「湯川噴泉」、「新湯」である。この「新湯」については、安政の飛越大地震の前までは、冷水であったと記録にある。すなわち活断層の活動により地下深部で地殻変動が起きて、古い爆裂口の跡の水たまりに熱水がわき始めたものと推測される。その池が「新湯」と名づけられたが、池の水際にオパールが形成されたらしい。

オパールは、今からおよそ一〇〇年前にこの「新湯」から発見され、「玉滴石」と呼ばれて珍重されるが、明治時代にほぼ採り尽くされたものと見られる。「新湯」の水際を改変する行為が行われて以降、新たな形成は見られない。正確には一九八六（昭和六一）年に立山カルデラ砂防博物館の学芸員らの調査で、微少の「玉滴石」を採取しているのが最後である。

湯川噴泉

新湯

玉滴石

現在、立山カルデラ砂防博物館に展示しているのは、立山温泉を経営していた深見家の所蔵のものである。ちなみに大英博物館にも立山カルデラ産の「玉滴石」が収蔵されている。

お雇い外国人

安政の飛越大地震で富山が壊滅的な被害を受けた頃(一八五八年)は、黒船来襲(一八五三年)以来の世情騒然としていた時代で、一地方の災害復旧に手が回せるような状況ではなかった。

その後、維新を経て明治時代を迎えるが、当時の日本は近代国家への道を歩み始めたとはいえ、全てにおいて欧米列国には大きく水をあけられており、一日も早くその仲間入りを果たしたいと考えていた。そのためにも欧米並みの社会資本の整備に取り組む必要があったが、長い間の鎖国政策で、近代的な高等技術を身につけた人材がいない状態であった。そこで明治新政府は、日本人の科学者・技術者が育つまで欧米から招聘して学ぶこととした。この招聘された外国人は「お雇い外国人」と呼ばれ、様々な分野で活躍することになる。

その中で日本の治水に大きな影響を与えたのは、オランダのお雇い外国人で、富山県と特に関係が深いのはムルデルとデ・レイケである。

この頃富山県内では、安政の立山カルデラの大崩壊によって常願寺川が荒廃し、たびたび洪水を繰り返すことから治水が県政の急務であった。一八八三(明治一六)年には石川県から分離して富山県が設置されているが、分離の主な理由は、治水を重視するか否かであった。

それほど富山県民を悩ませた洪水対策だが、資金も技術もなく、県は分県と同じ年、待ちかねたように、国に治水専門家の派遣を要請し、ムルデルが招致され、県内河川の調査を実施した。ムルデルは調査の結果、「河川荒廃の原因は地震、山の乱伐、焼畑、豪雪にある。川を治めるには上流の砂防が必要である」と指摘している。

一八九一（明治二四）年七月には、九州から東北にかけての日本海側を中心に、暴風雨による大災害が発生。特に常願寺川流域は壊滅的な被害を受け、八月には国はデ・レイケを富山県の復旧工事の担当とし派遣した。

常願寺川の被災状況を調査したデ・レイケは、この時、立山カルデラを含む上流の水源部をも現地踏査している。

デ・レイケが立案した中流から下流にかけての常願寺川改修の大要は三つある。

一つは、農業用水の取り入れ口をひとまとめにする合口用水工事。

二つ目は、河口付近の合流河川を分離する工事。

三つ目は、我が国古来の工法、霞堤（かすみてい）の築堤工事。

デ・レイケは常願寺川の抜本的な河川改修を主張し、早速取りかかった。しかし上流部の荒廃地が下流の水害の要因となっていることは認識していたものの、その経験したこともない凄まじい荒廃ぶりに、上流の対策としては樹木の伐採や切り畑を禁止するよう提言するにとどめた。

赤木正雄

デ・レイケによる常願寺川の改修後も、上流部の荒廃地の整備に着手しなかったこともあり、一八九六（明治二九）年には再び大洪水に見舞われる。その後も洪水が頻発したことから富山県はついに、カルデラ内の砂防工事に着手した。これが一九〇六（明治三九）年のことである。しかしながら繰り返し発生する土石流のために、県によるカルデラ内の砂防工事は悪戦苦闘の末、中断のやむなきに至る。

　このような大事業を一県のみで行うことは不可能であるとして、富山県は政府に働きかけ、結果、砂防法の改正に合わせ常願寺川上流の砂防工事は国に引き継がれた。一九二六（大正一五）年六月、立山温泉内に立山砂防工事事務所が開設され、その初代所長として赤木正雄が赴任する。

　赤木正雄は一八八七（明治二〇）年に兵庫県の豊岡市に生まれた。横綱太刀山の生誕から一〇年後のことである。砂防の父の誕生である。赤木の足跡は顕著であり、他に譲るが、赤木と立山砂防と富山県とは運命的に出会い、それによって富山県民にもたらされた恩恵は計り知れないものがある。また日本の砂防技術の確立発展にも大きく寄与したのは異論のないところであろう。

ヨハニス・デ・レイケ
Johannis de Rijke
（1842–1913年）

赤木正雄（1887–1972年）

立山カルデラ砂防博物館

　立山は一九七一（昭和四六）年の立山黒部アルペンルートの開通により、今では普段着の観光客が二五〇〇メートルの室堂まで手軽に楽しめるようになり、神の山も随分と身近になった。

一方で、立山カルデラは地質年代的に様々な変遷を繰り返し、現在の形に収まっているように見える。戦国の武将、修験者、杣人、猟師、あるいは立山への参拝登山者などが立山温泉を中心に通り過ぎ、通り抜け、様々な歴史の糸を紡いできた。今では砂防工事が営々と行われ、下流の人々を守っている。もう一つの立山と言うべきこの立山カルデラには、典型的な日本の自然があり、歴史があり、今もそれと対峙する人間の営みがある。立山カルデラ砂防博物館は、これらを普及紹介するため、国と県が協力して、一九九八年に創設した博物館である。

立山カルデラ砂防博物館外観

立山の自然特性と災害　上昇する山、氷の山、火の山、水の山

飯田肇
立山カルデラ砂防博物館学芸課長

はじめに――大転石の謎

直径約六・五メートル、推定質量約四〇〇トンの花崗閃緑岩(かこうせんりょくがん)の巨岩が、富山市大場の田圃の中に存在する【三一頁写真】。常願寺川扇状地には、この様な大転石と呼ばれる巨岩が堤防の内外に数十個点在している。いったいどの様にしてこの大転石は運ばれてきたのだろうか。この謎解きをするには、常願寺川を遡って立山連峰の大自然に目を向けなければならない。立山連峰の自然特性から富山の自然環境と災害について考えてみよう。

立山連峰の自然特性

立山は富山県のシンボル的な存在であり、その自然に大きな特性を持っている。立山を訪れると、「上昇する山」「氷の山」「火の山」「水の山」の四つのキーワードで示される多様で魅力的な自然景観を目にすることができる。南北にそそり立つ三〇〇〇メートル級の主稜線と、西側に大きく張り出した

弥陀ヶ原(みだがはら)台地、その南東側に広がる広大な立山カルデラの凹地、弥陀ヶ原の北側に刻まれた称名滝の大峡谷が目を引く。これらの地形は、日本では他に見られない多様性に富んだ景観である。

この写真に地質図を重ねたものが図1である。主稜線部の①の領域は花崗岩類の分布を示し、「上昇する山」を象徴する地域である。また、室堂平から弥陀ヶ原上部に広がる②の領域は、かつて存在した氷河が残した堆積物の分布を示し、「氷の山」を象徴する地域である。さらに、国見岳から天狗山、弥陀ヶ原上部の③の領域は溶岩の分布を、弥陀ヶ原台地の大部分を覆う④の領域は火砕流堆積物である溶結凝灰岩の分布を示し、かつて火山体があったと推測される立山カルデラとあわせて「火の山」を象徴する地域である。また、弥陀ヶ原の火砕流堆積物を深く削り込む日本一の落差を誇る称名滝と、その上部の称名渓谷の鋭く深いV字谷は、まさに「水の山」を象徴する地域ということができる。

雄山
①
室堂平
②
③
立山カルデラ
④
弥陀ヶ原
称名滝

図1 立山連峰西面の地質鳥瞰図（原山ほか、2000年）

立山連峰西面の地形

この様に、立山連峰には比較的狭い範囲に四つのキーワードで象徴される自然特性が分布し、日本の中でも特異で多様性に富む自然景観を形作っている。各キーワードについて以下に概観してみよう。

上昇する山

立山連峰は三〇〇〇メートルの標高差があり、富山市街の背後に屏風の様にそそり立っている。このように海岸沿いの都市からすぐ近くに三〇〇〇メートル級の雪をいただく山脈を見ることができる景観は日本には他に無いし、世界的に見ても大変珍しい。この地形は北アルプスの急激な上昇により誕生したものだ。立山連峰を含む北アルプスは、地球深部から浮上してきたマグマの浮力と、プレートの衝突による圧縮応力が集中した結果、日本最大級の隆起速度で成長し、屏風のごとき存在となった。まさに、世界の屋根ヒマラヤ山脈と同様の上昇の仕方をしたことになる。

立山の山体は、地下数キロメートルの深さでマグマが冷えて固まった花崗岩からできている。この花崗岩が最近数百万年の急激な地殻変動により標高三〇〇〇メートルまで上昇して、今の立山の主稜線ができた。立山の上昇は今でも続いている。いつから急速な上昇がはじまったのかについては諸説があり、三〇〇万年前とも二〇〇万年前とも言われている。最近、黒部川流域で八〇万年前の世界一新しい花崗岩が発見されたことから、上昇が急激になったのはもっと新しい時代だとも考えられるようになった。立山連峰の険しい山容は、北アルプスの第四紀の上昇速度が日本有数でたいへん速いことを物語っている。

雄山（おやま）（三〇〇三メートル）から富士ノ折立（おりたて）（二九九九メートル）までの立山主稜線は、粒が小さく丈夫な花崗岩でできているが、富士ノ折立の北側から真砂岳や別山にかけての山稜は、直径二センチをこえる大粒の長石を含む粒の粗い花崗岩からできている。粒の粗い花崗岩は風化作用を受けやすく、マサとよばれる砂粒に変化していく。寒暖差が大きい山岳地域ではマサ化が早く進行するため、真砂岳のようなザクザクの白い砂粒に覆われた、一見雪が積もっているような、なだらかな山稜が造られる。

ヒマラヤ山脈がガンジス河やインダス河を生み出したように、北アルプスは黒部川や常願寺川など日本有数の急流河川を生み出し、黒部峡谷の様な深淵な谷と広大な扇状地を創造してきた。日本の代表的な河川の断面図を見ると、立山連峰から富山湾に流れ下る片貝川、早月川、常願寺川、黒部川等が、急流河川の上位を独占していることがわかる。

富山市内より望む立山連峰

花崗岩が分布する立山連峰の主稜線と雄山（右）、真砂岳（中央）

氷の山

春の立山の代名詞といえば雪の大谷「雪の壁」である。四月中旬の「雪の壁」の高さは、平均で一六メートルにも達する。これは一冬で積もった積雪であり、立山が世界有数の豪雪地帯であることがわかる。しかも、除雪により、数百メートルの区間で二〇メートル近い「雪の壁」を見上げながら歩くことができるこんな場所は、世界中どこを探しても見当たらない。まさに「世界一の雪の回廊」と言うことができる。立山連峰の豪雪の要因として、三〇〇〇メートルまでそそり立つ地形に日本海から湿った冬の季節風がまともに吹きつけることがあげられる。立山独特の地形が豪雪に深く関わっているのだ。「雪の壁」の積雪は、秋までには全て解けて消失してしまう。多量に降り多量に解けるのが、立山の雪の大きな特徴である。解け水は下流に流れ下り、河川水や地下水として貴重な水資源となっている。

雄山から別山（べっさん）（二八八〇メートル）にかけて南北にのびる主稜線の両斜面には、最終氷期の八～六万年前と三～一万年前に氷河がのびていた。氷河が侵食した跡はカール（圏谷）とよばれ、山崎カール（国指定天然記念物）、御前沢カール、内蔵助カール、真砂沢カール、剱沢カールなどの顕著な氷河地形が分布している。室堂平（むろどうだいら）から室堂山の展望台に向かう登山道脇の溶岩は表面が氷河に磨かれていて羊背岩と呼ばれている。その表面にはミクリガ池方向にのびる擦り傷（擦跡）がある。三万年前に立山火山から流下していた氷河が溶岩の表面を削ってできたものだと考えられている。この様に、立山にはかつて存在した氷河の遺跡が数多く分布している。それでは、現在の立山には氷河は存在していないのだろうか。こんな疑問を解く調査が、富山県立山カルデラ砂防博物館により行われた。

立山のカール内の積雪は雪の壁よりさらに多くて二〇～二五メートルに達し、その一部は秋になっても解け残って万年雪（多年性雪渓）となり、下部は厚い氷体に変化している。その中でも特に規模の大きい、立山の御前沢雪渓、剱岳の三ノ窓雪渓・小窓雪渓では、積雪の下に現在でもゆっくりと流動している厚さ三〇メートル以上、最大で七〇メートルにも達する巨大な氷体があることが、博物館の調査により確認された。

氷河の定義は、『雪と氷の辞典』（日本雪氷学会編、二〇〇五年）によると、「重力によって長期間にわたり連続して流動する雪氷体（雪と氷の大きな塊）」なので、これらの万年雪は現存する氷河であることになる。二〇一二年四月に、これらの氷体は日本初の現存する氷河であると学術的に認められ、立山連峰は氷河を抱く山となった。氷河は深山にあるためなかなか目にすることができないが、秋に雄山山頂まで登ると、眼下に表面に氷河氷が露出した御前沢氷河を見ることができる。

雪の大谷「雪の壁」

山崎カール（圏谷）とモレーン

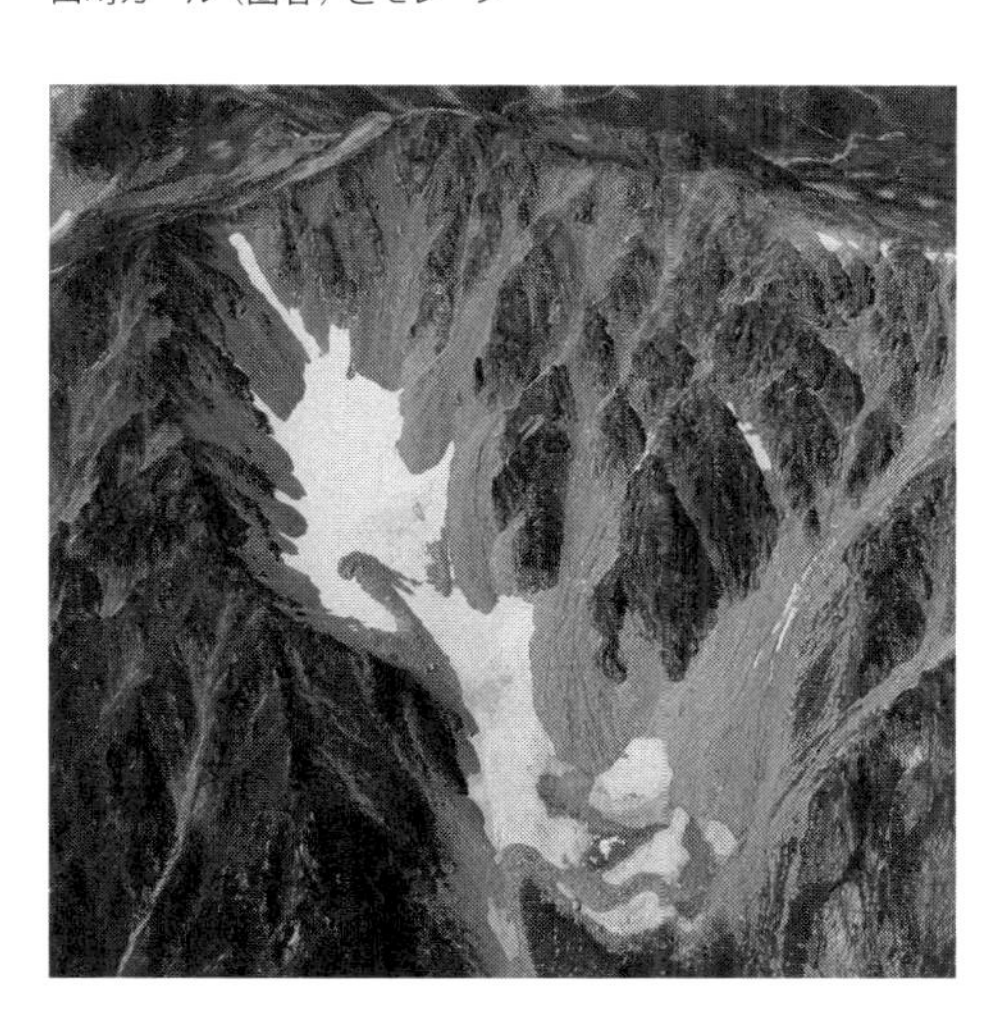

立山の御前沢氷河

火の山

立山黒部アルペンルート沿いに東西約一二キロメートル延びる長大な台地が弥陀ヶ原である。弥陀ヶ原の上半部（東側）はガキ（餓鬼）田と呼ばれる池塘が一〇〇〇近く点在する雪田湿原になっていて、二〇一二年にラムサール条約湿地に登録された。台地の下半部（西側）はタテヤマスギとブナに覆われた豊かな森林帯になっている。

弥陀ヶ原は今から約一〇万年前に立山火山で発生した大火砕流が造り出した溶結凝灰岩からできた台地である。このときの火砕流は、一九九〇年に長崎県の雲仙普賢岳で発生した火砕流よりもはるかに大規模なもので、二〇世紀最大級のフィリピン、ピナツボ火山の噴火に匹敵する規模だったと言わ

火砕流でできた弥陀ヶ原台地

噴気活動が激しい地獄谷

立山カルデラ内の新湯

れる。称名川左岸の高さ約五〇〇メートルの悪城の壁や称名滝脇の岩壁は、全層が溶結凝灰岩で構成されていて、噴火と火砕流の規模の大きさを物語っている。

立山火山の噴火口は、浄土山から国見岳をへて天狗山に至る稜線の南側の立山カルデラ内にあったと考えられているが、今では中心部が侵食され、山体の大部分が消失した幻の火山になっている。しかし、現在でも地獄谷では約九〇度の硫黄泉や有毒な火山ガスがふき出し、明治期以降で九名が亡くなっていて、二〇一二年以降からは噴気活動の活発化に伴い立ち入りが制限されている。また、立山カルデラの新湯では、約七〇度の温泉水が湖底から湧出しており、この硫黄泉に含まれるシリカ（二酸化珪素）が砂粒のまわりに付着して「玉滴石」と呼ばれる直径一～二ミリの希少鉱物が産出されるため、二〇一三年に国の天然記念物に指定された【一〇三頁写真】。このように現在でも活発な噴気活動が見られるため、この一帯は弥陀ヶ原火山として活火山と定義されている。

水の山

立山の平均年降水量は六〇〇〇ミリに達する日本でも有数の量であるが、そのうち半分の三〇〇〇ミリは雪としてもたらされている。立山では、これらの豊富な水量が流れ下り、雄大な最観を形作っている。称名滝周辺は、立山の「水の山」としての側面を顕著に見ることができる地域となっている。

弥陀ヶ原台地の縁には、四段三五〇メートルと日本一の落差をもつ称名滝がかかっている。その水量は、雪解け水が豊富な五～七月では毎秒二トン、梅雨期や台風で増水した際は毎秒一〇トンをこえ、爆風と水しぶきで滝に近づくのも困難な程だ。増水期には、称名滝の右手にハンノキ滝とよばれる落差約五〇〇メートルに達する滝が出現し、称名滝とともにV字形を描いて落下する姿は圧巻である。

また、称名滝の最上段より上流に切り込まれた深いV字峡谷は称名渓谷とよばれ、その険しさゆえに長らく前人未踏の地となっていた。この渓谷を造ったのも水の力である。

称名滝は、今から約七万年前は、現在よりも約七キロメートル下流の立山町千寿ヶ原（立山駅）付近にかかっていたと推測されている。その後、強大な水の力により、平均すると一年間に約一〇センチメートル程の速度で岩盤を侵食しつつ後退し、現在の位置に至ったと言われている。このように、立山の水の侵食力はすさまじく、時々刻々と大地の姿を変えているのだ。

日本一の落差を誇る称名滝

立山連峰のもう一つの顔

これまで見てきたように、立山連峰の豊かで多様な自然は魅力に満ちているが、時に災害をもたらす恐い顔を見せることもある。「上昇する山」は、海から急激にそそり立つ屏風の様な三〇〇〇メートル級の山脈を造り、その独特の地形から常願寺川や黒部川の様な日本有数の急流河川が誕生した。「氷の山」は、日本で唯一の現存する氷河を発達させたが、その大きな要因となったのが雪の大谷「雪の壁」に見られる、世界でも有数の一冬での積雪量だ。豊富な積雪は立山連峰の基礎環境となり、地形や動植物に大きな影響を与え、また雪解け水となって下流に流れ下る。「火の山」は、立山火山の噴火によりできた溶結凝灰岩や安山岩等の脆い岩石を、立山カルデラを中心とした地域に分布させ、現在も続く火山活動により風化作用を促進している。「水の山」は、山岳地域での豊富な降雪や降雨が年間六〇〇〇ミリにも及ぶ降水量をもたらすことにより、豊富な水量を下流に供給して時には洪水災害をもたらしている。

これらの立山連峰にみられる独特な自然特性が複合的に作用すると、時に下流に大災害をもたらすことがある。その典型的な例が、一八五八（安政五）年に起きた飛越地震により立山カルデラ内で発生した、鳶崩れに端を発した「安政の大災害」だ。

立山カルデラ

弥陀ヶ原に隣接した、東西約六・五キロメートル、南北約四・五キロメートルの楕円形の窪地が立山カルデラである。カルデラ底から稜線まで一〇〇〇～一五〇〇メートルの標高差を持つ。カルデラの形成のほとんどは、火山が多量の噴出物を出し陥没したことによってできた「陥没カルデラ」であるが、立山カルデラはこれとは異なり、侵食によって形成された「侵食カルデラ」と考えられている。侵食カルデラは大変少なく、日本では東北地方の葉山と立山カルデラだけがあげられる。立山カルデラは、跡津川断層系の断層がほぼ東西に延びていて、その影響を受けて東西方向に長い楕円形に侵食された。断層の破砕帯が熱水で風化され、岩石が脆くなり、常願寺川の上流湯川の侵食作用でさらに侵食が進んでできた大規崩壊地である。その特異な地形地質が認められ、二〇〇七年に日本地質一〇〇選に選ばれている。

安政の大災害

一八五八（安政五）年四月九日午前二時頃、立山カルデラ付近まで達する跡津川断層の活動により推定マグニチュード七・三〜七・六の大地震が発生した。この地震は、飛騨（岐阜県）と越中（富山県）に大きな被害をもたらしたため「飛越地震」と呼ばれている。

地震により立山カルデラの南稜線にそびえる大鳶山、小鳶山が大崩壊して岩屑なだれが発生し、崩壊土砂が立山カルデラ内の湯川谷と常願寺川本流の真川をせき止め、いくつものせき止め湖が形成さ

立山カルデラ全景と鳶崩れ跡（右）

れた。この大崩壊は「鳶崩れ」と呼ばれている。地震から二週間後と二か月後に、このせき止め湖が二度にわたり決壊し、大土石流となって常願寺川下流一帯を飲み尽くし大きな被害をもたらした。

一度目の土石流は、常願寺川右岸の地域を中心に被害を与え、富山湾まで達した。二度目の土石流は常願寺川左岸を中心に襲い、せき止め湖に湛水した豊富な雪解け水が一気に流出したため広範囲に甚大な被害をもたらした。常願寺川の河道は扇状地の扇央の馬瀬口付近で右に転向しているので、多量の水が急激に流下するとここで氾濫し、土石流が富山城下から神通川まで達する大災害となった。

これらの複合災害をまとめて安政の大災害と呼んでいるが、この二度の土石流の際に、洪水で常願寺川上流の真川河床から流れてきたと考えられている巨石が、前述の大転石なのだ。つまり、土石流がおよそ三〇キロメートルもの距離を運んだことになるわけだが、今では、立山の恐い顔を象徴する

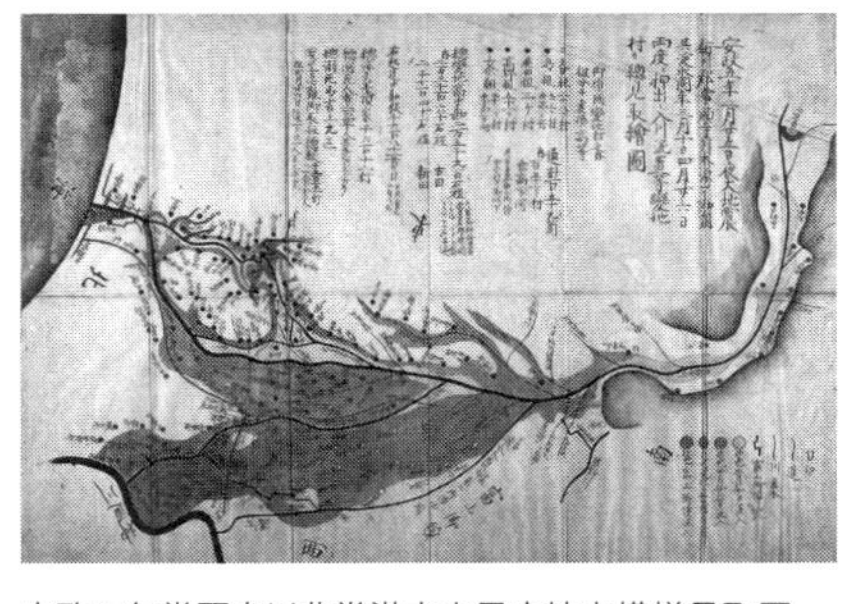

安政五年常願寺川非常洪水山里変地之模様見取図（里方図）『岩城文書』滑川市立博物館蔵
安政の大災害の2回の洪水の被害範囲を示している

記念碑となっている。

安政の大災害以降、常願寺川は日本有数の暴れ川になったと言われる。上流部の立山カルデラに鳶崩れで堆積した不安定な崩壊土砂がまだ多量に堆積しているのが主たる要因で、その量は一説には約二億立方メートルとも言われている。この土砂の流出を抑えることは下流部で生活する人々にとって重要な課題であり、そのため立山カルデラでの砂防工事が発展していったのである。

おわりに

「上昇する山」「氷の山」「火の山」「水の山」、この四つのキーワードで表現される立山連峰には、世界に誇る自然特性、自然の多様性がある。中でも、「氷の山」の膨大な降雪量については世界的な特徴を持っていると言える。立山連峰を含む立山黒部地域は、その地学的な価値が評価されて、二〇一四年に日本ジオパークとして認定された。

そんな魅力があふれる立山だが、急激に三〇〇〇メートルの標高差を持つ地形、雪や雨でもたらされる日本有数の降水量、国内屈指の急流河川、立山に分布する火山性の脆い地質などの独特の自然条件が、時として立山の脅威になることを忘れてはならない。

参考文献

『常設展示解説』富山県立山カルデラ砂防博物館、一九九八年
原山智ほか『地域地質研究報告　5万分の1地質図幅　立山　金沢（10）第30号』地質調査所、二〇〇〇年
『再発見・立山火山　アプローチ最前線』富山県立山カルデラ砂防博物館、二〇〇八年
『1858飛越地震報告書』中央防災会議災害教訓の継承に関する専門調査会、二〇〇九年
『立山の地形　氷河時代の立山』富山県立山カルデラ砂防博物館、二〇一〇年
『常願寺川の自然と人』富山県立山カルデラ砂防博物館、二〇一三年

第四章　世界遺産登録に向けて

自然と共生した世界に誇れる防災遺産・立山砂防

石井隆一
富山県知事

はじめに

北アルプスに位置する富山県の立山は、世界でも屈指の降水量がある中で、江戸時代末期の安政五（一八五八）年の巨大地震によって崩壊した不安定な土砂が、巨大な窪地である立山カルデラに堆積するなど、世界に類を見ない過酷な環境である。そのため、立山カルデラ一帯を源流とする常願寺川下流の富山平野では洪水の度に甚大な被害を被ってきた。

明治二四（一八九一）年には、オランダ人技師ヨハネス・デ・レイケが招聘され、その現地調査を行った上での提案により、常願寺川下流区間での河川改修工事が実施された。その後、土砂流出を防ぐため富山県は、明治三九（一九〇六）年、土砂の水源荒廃地の砂防事業に着手したが、近代技術による本格的な砂防事業の着手は、「近代砂防の父」と呼ばれる赤木正雄の計画による国直轄事業が開始される大正一五（一九二六）年になってからである。

先人の英知と努力の積み重ねにより、水系一貫の総合的な近代技術による砂防事業が展開され、それによって立山カルデラと常願寺川に築堤された歴史的な砂防施設群は、人々の安全・安心を守る人

図1 立山カルデラの範囲

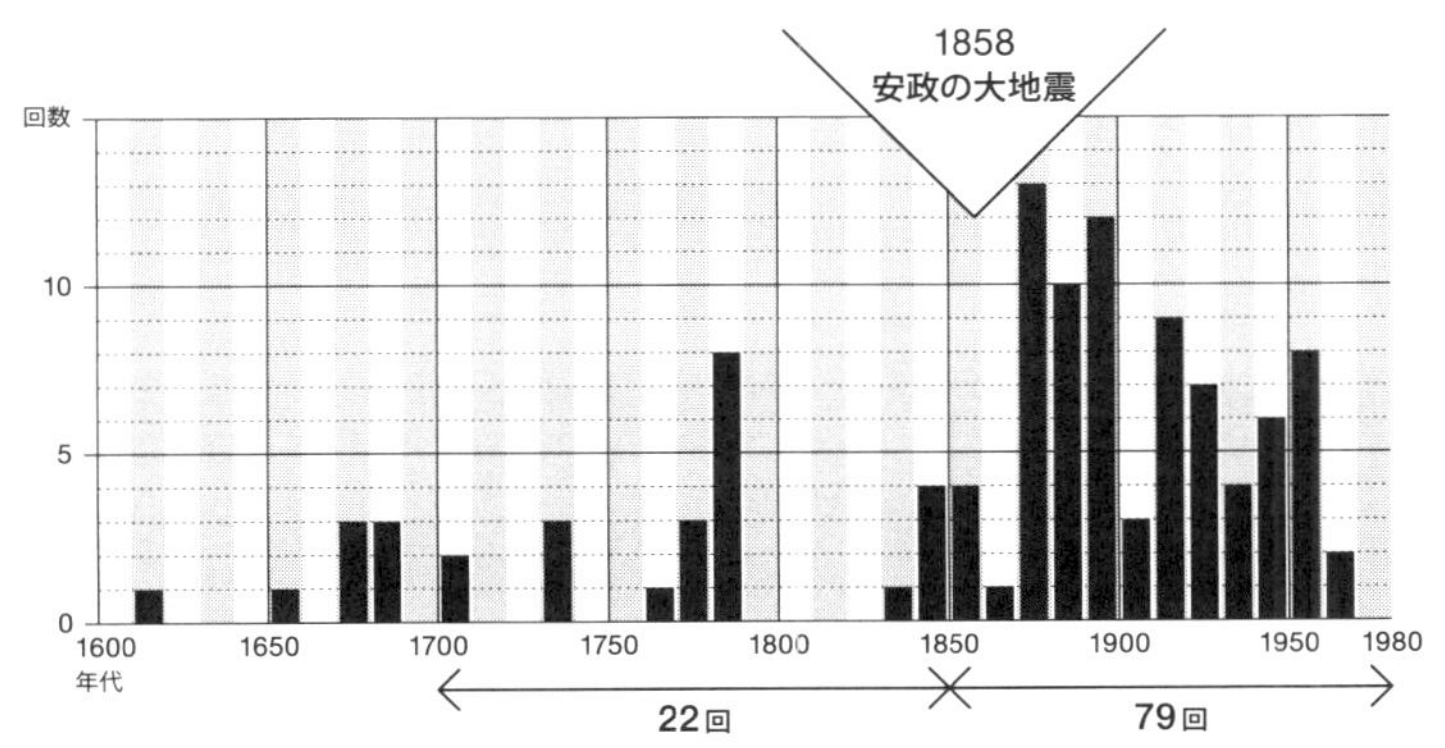

図2 常願寺川の水害の頻度

本宮堰堤

現在　1990年頃　1933年

泥谷砂防堰堤群の自然復元

類共通の文化遺産としての価値が認められることから、将来に保存・継承されるよう世界遺産への登録に取り組んでいる。

世界文化遺産登録への取り組み

富山県と関係市・町は二〇〇七年に「立山・黒部　防災大国日本のモデル—信仰・砂防・発電」を世界文化遺産登録候補として提案し、翌年、文化庁の文化審議会文化財分科会世界文化遺産特別委員会の調査・審議で暫定一覧表候補の文化資産と位置づけされた。その際のコメントとして、「自然災害から暮らしを守り続けてきた人間の営為を刻む諸要素が特定地域に集中する資産として価値は高い」と評価され、砂防関連資産について「世界史的・国際的な観点の顕著な普遍的価値の証明」、「国内外の同種資産との比較検討を通じた適切な主題設定や資産構成の検討」、「文化財としての保護が十分でないものは指定や追加指定が重要」との課題が示された。

この結果を受け、富山県では世界文化遺産の登録に向け大きくふたつの取り組みを進めてきている。ひとつ目の取り組みとして、歴史的砂防施設の文化財指定に取り組んでいる。まず、白岩砂防堰堤は立山砂防の基幹施設であり、昭和一四（一九三九）年に完成した。本堰堤の高さは六三メートル、副堰堤もあわせると総落差は一〇八メートルとなり、我が国随一でかつ世界有数の高さを誇っている。本堰堤、副堰堤や導水壁が巧みに配置され、左岸部は、特に地盤が脆弱なため、導流堤と鉄筋コンクリート方格枠によるフィルダムを配した複合構造としており、当時の高い技術力が窺うことができる。工事には、専用軌道の敷設、インクラインの建設、デリッククレーンやコンクリートミキサーなど、当時としては先進的な機械化施工が行われるなど、歴史的、技術的に高く評価される日本を代表する砂防堰堤である。こうした白岩砂防堰堤の歴史的、文化的価値について調査研究を進めた結果、二〇〇九年に、砂防施設としては国内初の国重要文化財に指定された。

また、本宮（ほんぐう）堰堤と泥谷（どろだに）砂防堰堤群も同様に重要な歴史的砂防施設であり、現在、国重要文化財指定に向け、調査研究を進めている。本宮堰堤は、常願寺川の中流に位置し、昭和一二（一九三七）年に完成した。五百万立方メートルの日本一の貯砂量を誇る大規模な堰堤であり、国登録有形文化財に登録されている。泥谷砂防堰堤群は、昭和一三（一九三八）年に八箇年の工期を経て竣工した。二二基の堰堤からなる階段状の堰堤、六基の床固工などで構成されている。現在は堰堤が見えない程に周囲の緑化が自然の状態で復元しており、いわば防災とエコの両方が実現した砂防施設と言える。これも国登録有形文化財に登録されている。

ふたつ目の取り組みとして、立山砂防の文化的価値に対する国際的な評価を検証し確立するため、国際砂防フォーラムの開催による調査研究を行ってきた。まず二〇〇八年に富山県で開催された第三六回国際水文地質学会において特別富山シンポジウム宣言が採択され、富山は世界に広まった近代砂防技術の発祥の地であることが盛り込まれた。引き続き、二〇〇九年からは毎年継続して、国内外から世界遺産や砂防の専門家を招いて国際砂防フォーラムを開催し、砂防技術の世界史的・国際的な観点による調査研究を進めた。

その結果、立山砂防の文化的価値について、前ユネスコ事務局長の松浦晃一郎氏による「砂防というテーマの世界遺産は例がなく、着眼点が良い」（「国際砂防フォーラム」二〇一〇年）、スイス環境庁次官のアンドレアス・ゲッツ氏による「立山砂防には、減災するための持続的な方法があり、非常に環境にやさしく、効率的な建設方法に感銘を受けた。重要なことは持続可能性と社会的、環境的、経済的の三つの側面からの均衡性を守ること。立山砂防は完璧な均衡が取れている」（「世界遺産フォーラム」二〇一二年）、さらには、元ユネスコ世界遺産委員会委員でモントリオール大学教授のクリスティーナ・キャメロン氏やイコモス副会長のアルフレッド・ルイス・コンティ氏による「世界遺産登録基準のⅠである人間の創造的才能を表現する傑作である」(「世界遺産登録推進国際フォーラム」二〇一三年／同、二〇一四年）といった評価につながった（引用は各記録集より）。

ところで、この砂防「ＳＡＢＯ」という用語は近年、国際語として世界で広く使用されている。アメリカのトルーマン大統領直属の最高技術委員会会長のＷ・Ｃ・ローダーミルクが、「渓流などの侵食をコントロールすることについて砂防「ＳＡＢＯ」と呼ぶことを提案したい」と、一九五一年にベルギーのブリュッセルで行われた国際水文科学学会で提案したことを起因としている。また、一九五二年にＧＨＱへの報告書の中で「日本は砂防、すなわち渓流改良工事にかけては世界のリーダーになるであろう」とも述べている。

「世界遺産フォーラム 2012」より（2012年7月、東京）

「世界遺産登録推進国際フォーラム 2014」より（2014年11月、富山市）

立山砂防の顕著な普遍的価値

世界遺産として登録されるために必要な立山砂防の顕著な普遍的価値については、富山県が二〇一三年に設けた有識者会議の検討を踏まえ、次の三点を提示する。

1 災害が多い日本で生まれた防災の総合技術

まず、砂防が「災害が多い日本で生まれた防災の総合技術」であり、国土の発展のため大きな役割を果たしてきたことである。

日本列島は世界的に見て地震や火山が多く、また台風が頻繁に襲来することなどから年間降水量は世界平均八一三ミリメートルに対し日本は一六六八ミリメートルと約二倍となっている。さらに、急峻な地形や断層が多いことから、日本は自然災害、特に土砂災害が多い国である。

このような厳しい自然環境に加え、山地の割合が六一パーセントと高く、可住地の人口密度は一平方キロメートルあたり九〇〇人を超える限られた土地利用のなかで、土砂災害から人命・財産を守るための砂防技術が発達し、安全で豊かな地域づくりに貢献してきた。

砂防技術は赤木正雄博士らの努力により、ヨーロッパの近代工法と日本古来の山腹工や植生工などが融合し、自然の地形・地質を巧みに利用した総合的かつ柔軟な発想で、新しい水系一貫の砂防技術が生み出された。

2 世界の中で日本の総合的な水系管理技術が近代における到達点

次に、立山砂防で代表される日本の砂防技術は、災害多発国である日本で独自に発達してきたもので、

「世界の中で日本の総合的な水系管理技術が近代における到達点」であるといえ、その技術が東南アジアや中南米へ移転されて防災に貢献していることである。

日本では古来、水源涵養や土砂崩壊防止のため山林を保護し、また水の力を一旦分散させ本流に戻す霞堤が築かれてきた。江戸時代には、山の荒廃が洪水に繋がると考え、山林を保護するとともに水源地での山腹工事や砂留などの渓流砂防工事も行われている。

ヨーロッパでは、主として荒廃支渓を対象に階段状の低堰堤群を整備するなど「点または線的」に対処しているが、これに比べ日本では流域全体で土砂をコントロールしようと「面的」にアプローチしていることから、白岩砂防堰堤や本宮堰堤など高度な技術を要する大規模な堰堤が必要とされるケースが多い。

今日、立山砂防などで培われた日本の砂防技術は、インドネシア、ネパールなどの東南アジア、ベネズエラやコスタリカなどの中南米などを中心に世界二〇か国を超える地域で活用されている。

３　近代的な砂防技術の一つの典型

そして、立山砂防が「近代的な砂防技術の一つの典型」になっていることである。

立山砂防では大正から昭和初期にかけて、当時最先端の建設用資機材が世界に先駆け本格的に使用され、砂防工事専用軌道の敷設や砂防堰堤で世界初の耐震設計が導入されるなど、世界的にも優れた砂防技術が育まれた。

また、上流域で土砂の生産を抑制する泥谷砂防堰堤群と土砂を扞止する白岩砂防堰堤、中流で貯砂や土砂の調節を行う本宮堰堤を整備することにより、下流域の安全を確保する水系一貫の砂防システムの典型が確立され、世界の砂防のモデルとなっている。

世界文化遺産登録に向けた比較分析研究

立山砂防は、防災の総合技術など三つの特徴に顕著な普遍的価値が認められ、「防災遺産」として世界文化遺産に登録可能な価値を有すると考えられるが、世界的な類例の有無などを検証する比較分析研究にも取り組んでいる。

研究の内容は、既に世界遺産に登録された文化遺産や登録が検討されている世界の類似資産を調査対象とし、そのコンセプトや構成資産を抽出し、比較検討を試みたものである。

その結果、「防災」をコンセプトとした立山砂防と類似した内容の遺産で、既に世界文化遺産に登録されたもの又は登録が検討されているものは存在せず、立山砂防は技術的に優れていることに加え、世界文化遺産としては先進的で独自性のあるコンセプトとして提案が可能であることが検証された。

なお、「防災」をコンセプトとするものではないが、立山砂防と比較的性格が近似する遺産として、水管理に係る土木遺産の抽出を試みたところ、既登録の世界遺産から、一〇件の文化遺産を抽出することができた【一五三頁表参照】。

今後、防災遺産として立山砂防の特徴や価値を論述していく過程で、おおいに参考になる文化遺産と考えられる。

立山・黒部の魅力のブラッシュアップと国内外への発信

富山県と関係機関などでは、立山砂防の魅力や重要性をアピールするため、国内外への情報発信や普及啓発についても積極的に取り組んでいる。

立山カルデラ砂防博物館では、立山カルデラ周辺の自然、文化、砂防技術などを、資料展示や調査研究などで分かり易く来館者に紹介している。また、国土交通省立山砂防事務所の協力を得て、一般の方々を立山カルデラへ案内する砂防体験学習会を毎年開催しており、年に概ね一千人程の県民等が立山砂防の現状や雄大な自然環境などを実体験している。学習会では、工事専用軌道であるトロッコ列車に乗車してカルデラ内に向かい、白岩砂防堰堤などの資産とともに、立山カルデラ内にある幸田文氏の著作『崩れ』の文面を刻んだ石碑や、立山登山の拠点であった立山温泉といった遺構を見学し、先人の英知と労苦の一端を学んでいる。

近年、この世界文化遺産登録の運動などを契機とし、立山一帯の魅力発信につながる発見や顕彰などが相次いでいる。「立山氷河」は、立山連峰にある立山の「御前沢雪渓」、剣岳の「三の窓雪渓」、剣岳の「小窓雪渓」が、二〇一二年に日本雪氷学会から日本初の氷河であると確認され、「立山弥陀ヶ原・

県内の大学生が世界遺産などを学ぶユースプログラム

大日平」は同年、ラムサール条約湿地として登録された。

立山信仰の一環としての伝統行事で女性の極楽往生を願った「布橋灌頂会」は、二〇一一年に日本ユネスコ協会連盟の第三回プロジェクト未来遺産に登録された。

二〇一四年には「立山黒部」が、北アルプスから富山湾にいたる壮大な水環境を学ぶことができ、砂防・治水など特徴ある自然と暮らしの関係が息づいていることなどが評価されて、日本ジオパークに認定された。

さらに富山県は、立山・黒部をはじめとする県の豊かな自然環境を保全するために積極的な取り組みを進めている。立山地域ではマイカーの乗り入れ規制、天然記念物で県鳥でもあるライチョウの保護柵の設置、環境配慮型トイレの整備のほか、関係団体と協力してゴミ持ち帰り運動などに取り組んできた。これらの結果、例えばライチョウは、南アルプスをはじめ全国的に著しく減少(全国での生息数は昭和五〇年代に約三千羽→平成一〇年代に約二千羽)しているが、立山地域では室堂、薬師岳、朝日岳のいずれにおいても安定的に生息(富山県内では昭和五〇年代も平成一〇年代も約一三〇〇羽)している。さらに最近、立山有料道路を走行するバスの排出ガスが沿道の植生に悪影響を与える懸念があることから、有識者会議での検討、提言を受けて、全国で初めて、自然環境保全の観点からバスに排出ガス基準を設け、適合しないバスの運行を禁止する条例を制定し、二〇一五年から施行している。

また、とやまの森を守り育てるために、二〇〇六年に森づくり条例を制定するとともに、条例に基づき、水と緑の森づくり税を導入し、里山林や混交林の整備、森林ボランティアの活動支援など、県民参加による水と緑の森づくりを進めている。

加えて、富山県では消費者団体や婦人会などによる長年のマイバッグ持参運動の積み重ねを踏まえ、消費者、事業者、行政の協議を経て、二〇〇八年に県レベルでは全国で初めてレジ袋の無料配布の廃止を実施（その後、富山県を含め全国一六県に拡大）し、県民のマイバッグ持参率は最近、九五パーセントに達するなど、環境保全への県民の意識の高まりには心強いものがある。

二〇一四年一〇月に富山湾が、ユネスコが支援する非政府組織の「世界で最も美しい湾クラブ」（フランスのモンサンミシェル湾、ベトナムのハロン湾など二四か国一地域の三八湾が加盟）への加盟が承認されたが、これは海越しに三千メートル級の立山連峰を望む素晴らしい景観や蜃気楼、ホタルイカ群遊海面などの神秘的な自然現象と生態系はもとより、国連の北西太平洋地域海行動計画（ＮＯＷＰＡＰ）地域調整部を富山県が誘致（二〇〇四年）し、その運営を支援してきていること、県民総ぐるみで富山湾をはじめ富山県の自然環境や魅力を守り続けてきたことなどが、国際的に高く評価されたものである。

このような環境保全に向けての多面的な取り組みが評価され、二〇一六年には、Ｇ７首脳会議（伊勢志摩サミット）に先駆けて、五月に富山県富山市で環境大臣会合が開催されることとなった。

おわりに

富山県では、これまで述べたとおりこのような顕著な普遍的価値が認められる立山砂防の世界文化遺産登録をめざし、民間中心の「立山・黒部」ゆめクラブと県東部中心の立山黒部を愛する会、女性の視点で砂防の重要性を普及啓発する立山砂防女性サロンの会などと県庁や関係市町、国の立山砂防事務所などが連携し、一体となって活動を進めている。さらに、二〇一三年からは県内の大学生などが参加し、世界遺産の意義や立山砂防の重要性を学ぶユースプログラムを開催し、次世代への継承にも努めている。世界文化遺産登録を県民運動として、今後も粘り強く、登録に向けた取り組みを継続してまいりたい。

立山砂防を語り伝える女性たち

尾畑納子
富山国際大学教授

知られざる立山の顔

富山県人にとって立山は特別な存在である。県南東部に位置し、標高三千メートル級の山々が連なる立山連峰は、はるかな昔から峻厳な姿でそびえている。厳しい環境に耐える高山植物や特別天然記念物の雷鳥、国内で初めて認定された氷河の存在。その美しく雄大な自然は立山・黒部アルペンルートとして国内外の多くの観光客を魅了し、その雪解け水はミネラルを多く含んだおいしい水、米・魚など豊かな食の恵みを与えてくれる。そして何よりも、精神的な支えであり、富山の生真面目で忍耐強い県民性を育んでいるに違いない。

そんな立山の別の顔について、私たち県民は小学校の授業で必ずと言っていいほど教えられる。立山を源流として富山市内を流れる常願寺川の氾濫の歴史だ。一八五八（安政五）年二月二六日、マグニチュード七の飛越大地震が発生し、立山カルデラが崩壊して四億立米とも言われる土砂が堆積。それ以降、富山平野は繰り返し水害に悩まされることになった。常願寺川の水害と復旧にかかる莫大な費用、更に土砂災害への対策のため、一八八三（明治一六）年石川県から分県して、富山県として砂防事業に取り組むことになる。しかし事業は困難を極め、一九二六（大正一五）年ついに立山砂防は国の直轄となり、「近代砂防の父」と言われる赤木正雄博士により白岩砂防堰堤が計画された。この堰堤は、近代砂防施設の一つの技術的到達点を示すものとして、二〇〇九年重要文化財に指定されたのである。

一九三七（昭和一二）年には、常願寺川中流域で土砂を貯める本宮堰堤が、翌年には泥谷砂防堰堤群、続いて一九三九年、白岩砂防堰堤が完成した。現在の常願寺川からそのような暴れ川を想像することは難しい。しかし、川沿いを歩けば、かつての水害によって運ばれた巨大な大転石と呼ばれる大岩がごろごろと転がり、当時の洪水による水の力の恐ろしさを垣間見ることができる。一世紀以上の時をかけ、そして現在でも険しい立山の奥で黙々と土砂の流出を防ぐ作業が続けられていることは、あまり知られていない。むしろ今では、「日本中が地震や台風といった災害に見舞われても、富山は立山に守られているので大丈夫！」と、安全神話を信じている人が多い。

立山砂防女性サロンの会発足

「自分たちの街や家族を水害から守りたい」という住民の願いに端を発した立山砂防は、明治・大正・昭和・平成とその事業が引き継がれてきた。現在も立山カルデラ奥の工事現場は土砂崩れの危険と背中合わせのため、工事関係者以外の一般人は決して入ることができない。このような危険な立山の姿に直接触れるきっかけを作ってくれたのは、長年カルデラ内で作業をする男たちを取材してきた吉友嘉久子（よしともかくこ）氏であった。

「いのちを育む女性の視点から砂防事業をサポートしていくことが大切」との想いで、一九九七年に富山県内で活躍する女性を対象に立山カルデラ見学会（女性サロンin カルデラ）がスタートした。工事現場の都合により一回の参加者は限定二〇名。ヘルメットを着用し、スイッチバック式の砂防工事用トロッコ電車に乗り一時間五〇分、山肌の赤く崩れた姿を見ながらゆっくりと慎重に水谷平に向かう。そこで泊まり込みで工事をする人たちの姿、砂防工事の現場、崩れの状態、そして山を緑にもどす取り組みについて立山砂防事務所の専門員の説明を受けた。平野からは想像もつかない立山の圧倒的な迫力と崩れの脅威、そこに果敢に挑み続ける人たちの姿。「ここに災害から守られた富山の安心の礎がある」——。それは何とも表現しがたい感動の瞬間であった。

「女性サロンin カルデラ」学生と（2009年9月）

以後、一年に一回、女性たちの見学会を実施し、ちょうど五年の節目の二〇〇一年一一月一一日、カルデラ体験をした女性たち百名が集まり立山砂防の重要性を女性の視点から市民に語り伝えようと、吉友氏をアドバイザーとする「立山砂防女性サロンの会」が発足した。氏曰く「立山砂防のオッカチャン応援隊」である。当時富山市の女性団体の会長であった政二俊子氏が初代会長（二〇〇一〜〇五年）を務めた。

私たちの活動の広がり

発足して以降、会は、手探りの活動ではあったが、ゆっくり着実に広がっていった。富山で活躍する女性たちを立山カルデラ見学会に誘い、明治から今日まで長く続く砂防工事の現状と重要性を伝える活動を続けた。時には、絶えず崩壊が発生する厳しい工事現場の作業員の生活を支えるために住み込みで働く女性たちとの座談会なども実施した。外部の講演会にも積極的に参加し、砂防事業について新しい知識を取り入れる努力を続けた。とりわけ貴重なのは砂防講演会である。多枝原砂防ダム近くに石碑が建てられ、鳶山崩壊の様子を紹介した作家・幸田文の『崩れ』の一節が刻まれている。私たちは、幸田文の長女の青木玉さんや孫の青木奈緒さんを招いて講演会を開催し、同じ女性から見た立山の恐ろしさとそれを守る砂防事業の大切さを学んだ。これまでにカルデラに入った人は、地域の女性リーダー、大学生、外国人留学生、ボランティア活動家などであり、現在会員は三百名を超えた。全国的に見てもめずらしい女性の砂防ボランティアと言われるようになった。

近隣の砂防施設を知ることも大切と、長野、石川、新潟などにも足を伸ばし、砂防研修と集落の人々との交流会を行った。また、中越沖地震で土砂災害に見舞われた山古志村を訪問し防災への想いを深くした。

二〇一一年三月一一日の東日本大震災では、自分たちも被災地のために何かできないかと考え、発生の翌々年三月「復興支援バスツアー」を計画した。被災した語り部の案内で被災地を巡り、犠牲者に祈りを運びつつ、災害の状況、復興の現状をたどった。夜には仮設住宅で暮らす女性や子ども達と交流を行い、災害に負けない心を確認し合った。今年で三回目の訪問だったが、震災を風化させない「語り部」たちの取り組みは意義あるものと受け止めている。

災害が少ない富山での生活。これは当たり前ではなく、先人たちが度重なる困難にくじけることなく、立山砂防に安全の願いを込めて築き上げた尊い礎の賜物である。そしてその礎を守り続けるため今も命懸けの作業が続けられている。防災に携わってきた人々や先人への感謝の心、いつ起こるかしれない災害への自主的な備えの大切さ、家族や地域を守る行動とは何なのか、そんなことを女性の感性で語り伝えていく「語り部」となっていこう、という想いが少しずつ芽生えていった。

海外の砂防・現地女性との交流

立山砂防女性サロンの会結成三周年の節目の事業として、海外での現地研修を企画することになった。第一回の研修先は、急峻な傾斜の土地に暮らし、多発する土砂災害対策のため日本から技術支援が行われているネパールであった。幸い一九九七年から三年間、立山砂防事務所所長を務めた森山裕二氏がＪＩＣＡ（国際協力機構）の技術協力員としてネパールに赴任中という縁にも恵まれ、初めての海外研修が実現したのである。

研修を有意義なものにするため、専門家を招いてネパールの国民性や経済事情、自然環境などの事前研修を行い、現地での交流会などの念入りな準備を重ね、二〇〇四年一〇月、いよいよ会員三〇名はネパール研修に挑んだ。最初に向かったのは首都カトマンズ郊外マタティルタ地域で、土石流の災害現場であった。訪問の二年前に七千立方メートルの土砂が崩れたためＪＩＣＡの支援が開始されたという。私たちが訪れた頃には少しずつ緑が回復した様子も見られ、砂防事業の重要性と日本の技術のレベルの高さを知ることができた。その後、近くで被災したセティデビ小学校に衣料や文房具などを届け、交流とともにささやかな支援活動を行った。

また、カトマンズ市内でヒマラヤ登山をする日本人のために「ホテル三水」を経営していた富山県の辻斉氏を訪問し、ネパールに住む人ならではの体験を聞かせてもらうことができた。山岳地における研修の後は世界遺産を訪ねて「神々が住む国」と言われるネパール文化にも触れ、実りある研修を終えて富山への帰路についた。この年が日本とネパールの国交樹立五〇周年であったことも印象深いと言えよう。これをきっかけとして私たちは海外にも目を向け始め、他国の砂防事業を学びそこで暮

ネパール世界遺産を訪ねる（2004年10月）

らす女性たちと防災の輪を広げるべく、以来、毎年一回海外研修を実施することになった。

イタリアでは、大水害によってバイヨントダムが決壊し下流域の村を壊滅させたロンガローネを視察した。スイスでは地球温暖化による氷河の融解で洪水が頻発している現状を、前スイス環境庁次官であるアンドレアス・ゲッツ博士の案内で学んだ。

こうして世界中の土砂災害の多発する国々に出かけ、自身の目で災害状況を見て、訪問した現地の女性たちと交流会を通して親睦を深め、防災について語り合った。これらの体験を通して、地球温暖化という環境問題が防災対策に重大な影響を及ぼしていることを実感した。また、国の経済事情や国民性の違いによって、災害と向き合う人々の姿勢にも大きな差があることを痛感した。インドネシア

ゲッツ博士の案内でスイス砂防を学ぶ（2007年10月）

インドネシア・クレミン村幼稚園を訪問し防災訓練の様子を見学（2009年9月）

立山砂防女性サロンの会　研修実施一覧

実施年度	海外研修先	国内砂防視察先
2003年	—	神通砂防
2004年	ネパール	—
2005年	韓国	松本砂防
2006年	イタリア	白山砂防
2007年	スイス	新潟湯沢砂防H16中越地震被災地山古志村
2008年	カナダ	宇奈月ダム・大夢来館
2009年	ニュージーランド	射水市防災センター
2010年	インドネシア	福井アカタン砂防
2011年	オランダ・ベルギー	富士山・山梨県勝沼堰堤・御勅使川芦安堰堤
2012年	台湾	雨天の為中止
2013年	ベトナム	小谷村、姫川砂防
2014年	ハワイ	赤木正雄展示館
2015年	ノルウェー・スウェーデン・フィンランド	木曽町

では災害が頻発する村を訪問し、あどけない幼稚園児たちの防災訓練の様子を視察した。その交流会の中では、いつ災害が起きてもおかしくない危険な地域とわかっていてもそれを運命と捉え、「先祖が住んでいたこの土地が私たちの居場所。移転はしたくない」と住民が語っていた。それから一か月後、私たちはインドネシア・ムラピ山噴火の報に接し、人々の無事を祈るとともにすぐさま義援金を募り送金した。

専門家でもない私たちが女性の視点で災害の歴史を学び、立山砂防事業から防災の重要性を実感し、その語り部となる目標をたてた。そして今、海外の災害地に身を運び交流を重ねることで、より視野を広げ、その地域に暮らす人々と防災を通してわずかながらつながることができたのではないだろうか。二〇一五年度に実施する予定の北欧三国を含めると前頁の表に示すように二〇〇四年から一二回の海外研修を重ね、訪問国は一五か国となる。世界中でいつ起こるかわからない災害に対して、一三年前に日本の富山で産声を上げた立山砂防女性サロンの会会員は、百余年にわたり持続的に利用されている防災施設「立山砂防」をもっと世界に広め防災意識をもって国際交流を続けていきたいと思っている。

立山砂防女性サロンの会が目指すもの

日本の砂防は国際語「ＳＡＢＯ」となった。そして、世界中の専門家が「他に類を見ない、文化的、技術的に世界中の技術者の見本」と讃える立山砂防。スイスのゲッツ博士は「立山砂防は持続可能性、社会的、環境的、経済的側面において完璧な均衡がとれている」と評した。防災遺産としての世界遺産登録には「更に砂防の重要性をアピールし、認知度を高めることが必要」とのアドバイスから、会でも取り組みをサポートしようと、会が結成されてちょうど一〇周年を迎えた二〇一二年から新たな活動として、文月勉強会を始めた。これは会員ばかりでなく一般市民の希望者をも対象として、世界遺産登録に向けて専門家から学ぶ企画であり、私たちが「語り部」として一般の方々にわかりやすく、明治から今日に至る持続的防災施設「立山砂防」を通して防災の心を伝えるための試みである。これも本年で四回目を迎える。

このような私たちの活動の先頭には、常にアドバイザーである吉友嘉久子氏がいる。吉友氏のこれまでの功績に対し、二〇一四年二月には砂防界のノーベル賞と言われる赤木賞が授与された。これは会にとっても素晴らしいニュースだった。その年、兵庫県豊岡市へ立山砂防事務所初代所長・赤木正雄

立山砂防世界遺産登録に向け、専門家を講師に招いて文月勉強会を開催（2014年7月）

博士の展示館を訪問し、甥の赤木新太郎館長から、改めて立山砂防事業の取り組みについて学ぶ機会を得た。

二〇一五年六月、山形県で行われた土砂災害防止功労者表彰式で私たちの活動が認められ、功労賞を受けた。身に余る光栄に感謝するとともに、受賞は立山砂防女性サロンの会への更なる活動へのエールと受け止めたい。

このように、会員たちは常にこれまで知ることのなかった新しい情報を得て、立山砂防の歴史的な防災遺産としての意義を再認識している。富山県や日本の遺産としてだけではなく、世界の遺産として、将来に向けた重要性をこれからの人たちに伝えていきたい。

赤木館長（右端）の案内で「砂防の父 赤木正雄展示館」を見学（2014年6月）

土砂災害防止功労者表彰受賞（2015年6月）

二一世紀の激しい気候変動は世界各地で多くの災害をもたらしているが、この地球温暖化は人間活動による二酸化炭素などの温室効果ガスが原因である。開発の名の下に、自然を破壊してきた人類への警鐘とも思われる。しかし古来日本人は自然を神として、畏敬の念を持ち自然に寄り添うように生きてきた。立山砂防事業も自然の力を恐れつつも、治水への努力を重ね、自然と共生する道を模索する歴史ではなかっただろうか。「立山砂防で緑をよみがえらせたい」と語った砂防事務所の職員。だからこそ人と自然の共生を探る防災遺産として、立山砂防を世界に広く伝えていかなければならない。そして私たち立山砂防女性サロンの会は、砂防と防災の大切さを今後も女性ならではの視点から語り伝え、未来の人たちの暮らしを守る地域の防災の要となっていきたい。

参考文献
『世界遺産登録推進シンポジウム　立山カルデラの防災遺産記録集』国際世界遺産セミナー実行委員会、二〇一四年
吉友嘉久子『地震・地すべり・大崩壊　立山カルデラ物語』ダイナミックセラーズ、二〇〇八年

立山砂防の防災システム
――その顕著で普遍的な価値の包括的考察

西村幸夫
日本イコモス国内委員会委員長

立山砂防の防災システムが持つ「顕著で普遍的な価値」outstanding universal value（世界遺産条約第一条）はどのように考えることができるのか。この点に関して、筆者も参加してここまで富山県を中心に二〇〇八年以来、継続して議論がなされてきた。その成果は『立山砂防の世界的評価に関する技術調査報告書』（富山県、二〇一四年三月）や『「立山カルデラ防災遺産」比較分析調査報告書』（富山県世界遺産登録推進事業実行委員会、二〇一五年三月）などの報告書にとりまとめられている。こうした報告書作成をすすめていくなかで出てきた論点を現時点において概括しつつ、本書でここまで論じられてきた立山砂防の防災システムの世界における位置づけを包括的に見てみたい。

なお、ここでは「顕著で普遍的な価値」を「すべての人類の文化において共通した普遍的な課題に関する顕著な回答」（一九九八年アムステルダムでの世界遺産に関する専門家会議）【註1】と考えることによって、議論を整理して考えることとする。

災害が集中する国・日本

すこし情報が古いが二〇〇三年にミュンヘン再保険会社が年次報告書の中で公表した世界の大都市における自然災害リスク指数によると、東京・横浜が七一〇とダントツに高く、次いでサンフランシスコ一六七、ロサンゼルス一〇〇、大阪・神戸九二、ニューヨーク四二、香港四一、ロンドン三〇、パリ二五、シカゴ二〇と続いている【註2】。これは東京・横浜に人口が集中していることにもよるが、脆弱な地盤のうえに立地し、地震や台風が多く、洪水や火山の噴火といったリスクを抱えているからである。これは大都市だけの問題ではない。日本各地では、これに地滑りや土石流といった災害も加わる。

ルーバン・カトリック大学疫学研究センターのデータによると、一九〇〇年以降の各国の自然災害のうち一〇人以上の死亡者もしくは一〇〇人以上の被災者などの指標に合致する自然災害が合計九二一一件挙げられている。これを国別に平均すると四一件となるが、日本は計一六九件と四倍に達しているのである【註3】。ここで言う自然災害とは、干ばつ、地震、伝染病、熱波・寒波、洪水、虫害、土砂崩れ、火山、津波・高潮、山火事、暴風から成るが、日本の場合、干ばつや虫害、山火事はわずかしか記録されていないので、それ以外の自然災害だけを取り上げるとさらに災害が集中していると言うこともできる。

台風や地震、津波、火山噴火の災害は近年頻発し、誰の目にも日本がこうしたリスクの高い国であることは明らかであるが、それ以外にも土砂災害の多さが特徴的で、世界の主要な土砂災害の四分の一が日本で起きていると言われている【註4】。また、国内的にも自然災害の死者・行方不明者の四五パーセントが土砂災害によるものとなっている。

日本の場合、急峻な地形と軟弱な地盤という基礎のもと、多い降水量、狭い可住地面積、大きな人口などといった不利な条件が重なり、土砂崩れによる被害を大きなものにしている。

山を畏れ、山を鎮めることが日本の防災のひとつの柱となっており、長い歴史の中で防災の努力が続けられてきたのである。水源涵養（かんよう）の思想は八二一（弘仁一二）年の太政官符にまで遡ることができ、一六六六（寛文六）年には徳川幕府は淀川流域の山城・大和・伊賀の国に対して土砂流出を防止するための植林等を定めた「諸国山川掟之令」を布達している【註5】。

常願寺川の特殊性

とりわけ、立山カルデラと常願寺川が日本の治山の歴史の中でも飛び抜けた存在であったことは本書のなかでも高橋裕氏が強調しているとおりである。常願寺川下流域には大転石と呼ばれる巨石が点在しているが、「人々が居住する平野部に、このような巨大な石が流される川は、世界にも見あたらない」と高橋氏は述べている。

これは常願寺川が、黒部川と並んで、源流から河口までの高低差三千メートルをわずか六〇キロメートル足らずでくだり降りるという、世界でも例を見ない急流（河床勾配約三〇分の一）であること、その下流部の富山平野東部におよそ三〇万人の人が生活していること、上流部には立山カルデラと呼ばれる巨大な窪地があり、火山噴火物から成る脆弱な地質であること、そしてここに年間五千ミリの降水量があるといった、他に例を見ないような悪条件が重なっていることの結果である。

つまり、富山の地に住んできた人々は古来、暴れ川である常願寺川と付き合っていかなければならない宿命を背負っており、そのことは同時にこうした暴れ川と付き合うための文化を育んできたとも言える。

そのひとつの例として霞堤がある。

周知のように、霞堤は河川の下流部にあって、逆ハの字型に堤を連続させることによって堤に登り勾配の切れ目が入ることになり、洪水時に堤の背後が遊水池の機能を果たすことによって洪水の力を減殺し、かつ堤を二重にすることによって破堤した場合の備えとなし、さらには洪水後の堤内地の排水を容易にするという、日本で生まれた独創的な堤防の築造法である。

霞堤は洪水と正面から対決するのではなく、洪水の力をうまくそらすことによって被害を最小限に留め、災害と共に生きていくための知恵であると言うことができる。こうした考え方を今日的な表現では「防災」ではなく「減災」と呼ぶが、霞堤は減災の思想を四〇〇年以上も前に河川工事において実

常願寺川下流の河床

現していたのである。

その霞堤を常願寺川下流部では一〇箇所以上見ることができる。

しかし、残念ながら霞堤ですべての問題が解決するほど常願寺川は生やさしい川ではなかった。特に、一八五八（安政五）年の安政の大地震で立山カルデラ内に大崩壊が起き、その土砂が土石流となって平野部を襲うなど水害が頻発するようになり、さらなる対策の必要性が高まった。

つまり、災害、なかでも土砂災害にいかに立ち向かうかという、人類が直面する普遍的な課題のうち、常願寺川に見られるような飛び抜けた難題に対しては、それ相応の顕著な回答というものが要請される。その答えこそ立山に見られる防災システムの全体像であり、そこに防災を目的とした遺産の顕著で普遍的な価値を見いだすことができるのではないか、というのが本稿の議論である。

常願寺川上流の崩壊山腹

近代の総合的水系管理技術の到達点としての立山砂防

霞堤は下流部において洪水といかに共生していくかということに対するひとつの回答ではあったが、立山カルデラの崩壊後のように、上流部における土砂の生産・流下が限度を超えてしまうと、決定的な対策とは言い難くなる。下流部で洪水対策を行うと同時に、上流部で土砂の生産・流下を防ぐ対策を講じる必要がある。これこそ、のちに「砂防」とよばれることになる河川上流部における土砂災害対策である。

立山砂防の具体的な内容に関しては、石井隆一富山県知事による概説や五十畑弘氏の論考に触れられているので、本稿では繰り返さない。ただ、①流域源頭部において泥谷砂防堰堤群（一九三八年竣工、二〇〇二年に登録文化財）に代表される、土砂発生抑制のための渓岸安定施設を設置していること、②上流部において白岩堰堤（一九三九年竣工、二〇〇九年に重要文化財）という大規模砂防堰堤によって土砂の堆積と安定をすすめていること、③中下流部において大規模な本宮堰堤（一九三七年竣工、一九九九年に登録文化財）によって貯砂が実行されていること、という総合的な防災システムによって治山が実現していることは、改めて指摘しておきたい。こうした一連の砂防施設群によってスケールの大きな総合的水系管理システムが構築されている点は、土砂災害克服という普遍的な課題に対する、文字通り顕著な回答であると言えよう。

土砂災害という課題を共有するオーストリアやスイス、フランスなど、ヨーロッパのアルプス周辺諸国においては、荒廃した支渓に小規模な堰堤を連続的に設置する例がほとんどであり、立山砂防にみられるような大規模かつ総合的な管理システムは見られないという。

特に、白岩砂防堰堤は、種々の独自な工夫が凝らされた土木構造物の顕著な例であると言える。

第一に、本堰堤の高さ六三メートル、副堰堤群を合計した総落差一〇八メートルはいずれも日本最大であり、おそらく世界最大であること。第二に、世界で初めて耐震設計が行われた砂防堰堤であると考えられること。第三に、コンクリート堰堤とアースフィルダムとのハイブリッド構造となっている大規模砂防堰堤としておそらく世界初であること。第四に、アースフィルダム部分にＰＣコンクリートによる方格枠を用いるという独創的な構造を採用している砂防堰堤としておそらく世界唯一であること、などがこれまでに指摘されている【註6】。

類似資産との比較

世界文化遺産としての顕著で普遍的な価値を論じるためには、類似の資産と比較検討することが必須である。立山防災システムと比べることのできる国内の文化遺産並びに既登録の世界文化遺産を見てみよう。

まず明らかなことは、これまでに砂防はもとより防災が主たる機能である国内の文化遺産で立山砂防の規模に匹敵するようなものは、いかに災害大国日本とはいえ、存在しないということである。

富山県による調査で、これまでに全国で砂防堰堤は国直轄と都道府県分を合わせて計六一七七五基あり、このうち国の重要文化財に指定されているものは白岩堰堤砂防施設以外に牛伏川(うしぶせがわ)階段工（長野県松本市、二〇一二年指定）の一件のみであること、登録有形文化財となっている砂防施設は一八五件にのぼることが確認されており、いずれもその規模と構造のユニークさにおいて白岩砂防堰堤に匹敵するものではないことが明らかになっている【註7】。

また、世界文化遺産に関しては、防災遺産といったストーリーで登録されている資産は今までない

水にかかわる技術遺産として登録されている世界文化遺産

資産名称	国名	登録年	登録基準
水管理システム			
スホクラントとその周辺	オランダ	1995	(iii), (v)
アムステルダムのディフェンス・ライン	オランダ	1996	(ii), (iv), (v)
キンデルダイク=エルスハウトの風車群	オランダ	1997	(i), (ii), (iv)
D.F.ヴァウダ蒸気水揚げポンプ場	オランダ	1998	(i), (ii), (iv)
ベームステル干拓地	オランダ	1999	(i), (ii), (iv)
青城山と都江堰水利（灌漑）施設	中国	2000	(ii), (iv), (vi)
アフラージュ、オマーンの灌漑システム	オマーン	2006	(v)
シューシュタルの歴史的水利施設	イラン	2009	(i), (ii), (v)
グラン・プレの景観	カナダ	2012	(v), (vi)
バリ州の文化的景観：トリ・ヒタ・カラナ哲学に基づくスバック灌漑システム	インドネシア	2012	(iii), (v), (vi)
港湾			
カールスクローナの軍港	スウェーデン	1998	(ii), (iv)
リヴァプール海商都市	イギリス	2004	(ii), (iii), (iv)
橋			
アイアンブリッジ	イギリス	1996	(i), (ii), (iv), (vi)
ビスカヤ橋	スペイン	2006	(i), (ii)
ヴィシュグラードのメフメド・パシャ・ソロコヴィッチ橋	ボスニア・ヘルツェゴビナ	2007	(ii), (iv)
フォース橋	イギリス	2015	(i), (iv)
水道橋			
セゴビア旧市街とローマ水道橋	スペイン	1985	(i), (iii), (iv)
ポン・デュ・ガール（ローマの水道橋）	フランス	1985	(i), (iii), (iv)
カゼルタの18世紀の王宮と公園、ヴァンヴィテッリの水道橋とサン・レウチョ邸宅群	イタリア	1997	(i), (ii), (iii), (iv)
ポントカサステ水路橋と水路	イギリス	2009	(i), (ii), (iv)
パドレ・テンブレケ水道橋の水利システム	メキシコ	2015	(i), (ii), (iv)
運河・閘門			
ミディ運河	フランス	1996	(i), (ii), (iv), (vi)
中央運河にかかる4基の水力式リフトとその周辺のラ・ルヴィエール及びル・ルー	ベルギー	1998	(iii), (iv)
リドー運河	カナダ	2007	(i), (iv)
アムステルダムのシンゲル運河内の17世紀の環状運河地区	オランダ	2010	(i), (ii), (iv)
中国大運河	中国	2014	(i), (iii), (iv), (vi)

出典：『「立山カルデラ防災遺産」比較分析調査報告書』pp.15–16に一部加筆修正

ことも明らかである。対象を少し拡げて、水にかかわる技術遺産を見てみると、前頁の表にあるように、灌漑などの水管理システムが一〇件、港湾が二件、橋が五件、水道橋が五件、運河・閘門が五件となっている【註8】。いずれも、立山の事例とは顕著で普遍的な価値の論じ方がおおきく異なっており、類似性は高くないと判断される。あえて比較するとするならば、オランダの土木遺産が災害にかかわる低地における水系管理システムの顕著で普遍的な価値を有する事例であるのに対して、立山砂防の防災システムは山岳部における、災害にかかわる水系管理システムの顕著で普遍的な価値を有する事例として対照的に捉えることができよう。

このほか、イタリアには世界遺産には登録されていないものの、堤高が比較的高い砂防堰堤がいくつか存在することが報告されている【註9】。トレント郊外にあるポンテアルト砂防堰堤(一五三七年建設、のちに七回再建)と、そのすぐ下流のマドルッツォ砂防堰堤(一八八五年建設)がそれで、現在の堤高はいずれも四一メートルである。前者はヨーロッパ最古の砂防堰堤としても有名で、赤木正雄もオーストリア留学中の一九二四(大正一三)年に現地を訪れている。

砂防の技法を欧州に学んだという点に評価基準(ⅱ)の要素を見ることはできるが、赤木が立山で考えた手法は独創性に富んでおり、むしろ他に類例がほとんどないとすべきものと考える。

構成資産の範囲と維持管理のあり方

立山砂防の防災システムの顕著で普遍的な価値の次なる議論は、防災遺産の考え方をどのようにひとつのストーリーとして描き出すか、そしてどのような構成資産でその物語を語るか、ということである。たとえば、赤木正雄に始まる近代砂防技術の到達点をストーリーの軸に据えるとすると、いくつかの代表的な土木構造物をメインにした資産構成となる。一方、総合的な水系管理システムに焦点を当てると、下流域まで含めたより広域の資産が対象となるだろう。また、災害と共生する文化といったところに踏み込むならば、近世の霞堤などの技法が説得力を持つことになる。逆に、荒廃した渓流に緑が戻ってきたというエコロジカルな技術に力点を置くと、小規模な砂防堰堤までセットで議論する必要が出てくるだろう。

私見では、はじめからあまり風呂敷を拡げるのではなく、近代砂防技術の到達点を軸にして、それでは説得力に欠ける部分を補っていく、といった方法を採るのが現実的ではないだろうか。

もうひとつ、今回のテーマでどうしても外せない点がある。それは、五十畑氏も触れているように、対象となる土木構造物は現在も機能をし続けており、資産そのものの存在と機能とが切り離せない関係にあるということである。これは工場や鉄道が稼働していることとはやや異なっている。工場や鉄道では施設そのものが稼働しなくなったとしても、文化遺産としての価値を有することも考えられるが、砂防施設の場合、存在と機能とを分けることができない。橋梁も土木施設としては砂防施設とほぼ同様ではあるが、文化財として橋を考える場合には移築も考えられなくはない。しかし、砂防施設の移築はまずありえない。

このように、その場に存在し続けることによって役割を果たし続ける砂防施設のような資産の場合、その維持保全管理をどのように考えればいいのだろう。おそらくは機能を継続させることを最優先に、少しずつの改善や改変は許容されるという保存管理計画をあらかじめ定めておくことになるのだろう。

むしろ、こうした維持保全そのものにも文化遺産として守るべき価値を積極的に見出し、位置づけることもありうる。たとえば鉄道マニアの垂涎の的となっている立山のトロッコ軌道は、こうした視点で考えると世界遺産の重要な構成資産となり得るかもしれない。そう言えば、立山砂防工事専用軌道はすでに国の登録記念物となっている。

さらにやっかいなのは、立山砂防の場合、これからも半永久的に施設を維持管理し、かつ砂防堰堤をつくり続けなければならない点である。今後も継続していく仕事と過去の文化遺産としての業績を切り分けることは技術的に可能なのかという問題もある。

地域共通の資産として

もうひとつの課題として、世界的にも希有な砂防工事が山間で一〇〇年以上にわたって営々と続けられてきていることが、恩恵を受けているはずの富山平野に住む人々にあまりよく知られていないことがある。もちろん、体験学習会など特別の機会を除けば、一般の人の立ち入りは不可能なところであるから、親しみを感じるすべは限られていると言わざるを得ないが、少なくとも郷土学習や広報を通じて、立山砂防の努力とその功績は下流の人々に共有されていく必要がある。

美しい富山平野の景観は水源地の砂防の努力があったからこそ守られてきたものだということを、この地で生活する人々は感謝の念を持って知らなければならない。そのための広報の努力を惜しむべきではない。砂防工事の邪魔にならない範囲で、現地を訪れる機会を造る努力もしていただきたい。こうしたことを通して、立山砂防の防災システムは真に地域住民共通の資産となっていくと言える。

立山砂防の防災システムを世界遺産にしようという運動は、そもそも現地には行くことができないのであるから、観光とはまったく無縁である。これは、これまでの砂防の努力に感謝し地域住民共通の誇りを見出す運動である。その意味で、これは世界遺産条約の本来の趣旨に根底のところで相通じるものがある運動だと言えるだろう。

註

1 原文は以下の通り

an outstanding response to issues of universal nature common to or addressed by all human cultures

2『平成16年版　防災白書』内閣府、p.16

3『立山砂防の世界的評価に関する技術調査報告書』富山県、2014年、p.29

4 同、p.32

5 同、p.75

6 同、pp.108-10

7『「立山カルデラ防災遺産」比較分析調査報告書』富山県世界遺産登録推進事業実行委員会、2015年、pp.2-10

8 同、pp.11-16

9 同、pp.17-25

岩槻邦男　いわつき・くにお
1934年兵庫県生まれ。兵庫県立人と自然の博物館名誉館長、東京大学名誉教授。世界自然遺産候補地の考え方に係る懇談会座長。日本人の自然観にもとづく地球の持続性の確立に向けて積極的に発言している。94年日本学士院エジンバラ公賞受賞。2007年文化功労者。

松浦晃一郎　まつうら・こういちろう
1937年山口県出身。外務省入省後、経済協力局長、北米局長、外務審議官を経て94年より駐仏大使。98年世界遺産委員会議長、99年にはアジアから初のユネスコ事務局長に就任。著書に『世界遺産―ユネスコ事務局長は訴える』(講談社)、『国際人のすすめ』(静山社)など。

五十嵐敬喜　いがらし・たかよし
1944年山形県生まれ。法政大学名誉教授、日本景観学会会長、弁護士、元内閣官房参与。「美しい都市」をキーワードに、住民本位の都市計画のありかたを提唱。神奈川県真鶴町の「美の条例」制定など、全国の自治体や住民運動を支援する。

西村幸夫　にしむら・ゆきお
1952年、福岡市生まれ。東京大学教授。日本イコモス国内委員会委員長、文化庁文化審議会委員、同世界遺産特別委員会委員長。専門は都市計画、都市保全計画、都市景観計画。『西村幸夫　風景論ノート』(鹿島出版会)、『都市保全計画』(東大出版会) など著書多数。

石井隆一　いしい・たかかず
1945年富山県生まれ。富山県知事。東京大学法学部卒。1969年自治省(現総務省)に入省。静岡県総務部長、税務局長、消防庁長官などを経て2004年より現職。著書に『「元気とやま塾」入門』(北日本新聞社) など。

高橋 裕　たかはし・ゆたか
1927年静岡県生まれ。東京大学名誉教授、日仏工業技術会会長。治水・利水と河川環境を統合した新しい河川工学の分野を切り開き、国内外で水災害の軽減や河川環境の改善に貢献。2015年日本国際賞受賞。

五十畑 弘　いそはた・ひろし
1947年東京都生まれ。日本大学教授。土木学会出版文化賞選考委員長、文化庁文化審議会専門委員、富山県文化財保護審議会委員、専門は橋梁、鋼構造、土木史。著書に『歴史的土木構造物の保全』(鹿島出版会) など。

本田孝夫　ほんだ・たかお
1947年熊本県生まれ。富山県立山カルデラ砂防博物館館長。東京大学農学部卒。1973年富山県奉職。富山県砂防課長などを歴任後、2014年より現職。

飯田 肇　いいだ・はじめ
1955年茨城県生まれ。富山県立山カルデラ砂防博物館学芸課長。立山地域の積雪や雪渓を継続調査し2012年日本初の現存する氷河を確認。秩父宮記念山岳賞、北日本新聞文化賞特別賞受賞。

尾畑納子　おばた・のりこ
1953年富山県生まれ。富山国際大学教授、立山砂防女性サロンの会会長、砂防・地すべり技術センター理事。専門は生活環境学。著書に『家政学からの提言：震災に備えて』(日本家政学会編) など。

企画協力：富山県
編集協力：戸矢晃一、中島佳乃、真下晶子
表紙写真：撮影 小野吉彦

日本固有の防災遺産
立山砂防の防災システムを世界遺産に

2015年11月8日　初版第一刷発行

編著者：五十嵐敬喜、岩槻邦男、西村幸夫、松浦晃一郎

発行者：藤元由記子
発行所：株式会社ブックエンド
〒101-0021
東京都千代田区外神田6-11-14 アーツ千代田3331
Tel. 03-6806-0458　Fax. 03-6806-0459
http://www.bookend.co.jp

ブックデザイン：折原 滋（O design）
印刷・製本：シナノパブリッシングプレス

Printed in Japan
ISBN978-4-907083-30-4